养殖致富攻略·一线专家答疑丛书

鹅病防治关键技术有问必答

戴亚斌　周新民　主编

中国农业出版社

内容简介

　　全书共309问，内容包括：鹅病的综合防治原则与技术，鹅的细菌性疾病，病毒性疾病，寄生虫病；营养代谢与中毒性疾病，常用兽药及生物制品等方面的综合知识，并侧重于疾病的诊断及防治技术。

　　本书内容详实，重点突出，实用性强。为方便读者对症查找方便，本书采用问答形式编写，有针对性地进行了解答，并力求说清道理，有很强的可操作性。本书的内容具有普及和提高相结合的特点，可供广大农民、乡村干部和基层农技员参考。

我国鹅养殖与消费有着悠久的历史和传统，也是世界上最大的鹅生产国，饲养量与出栏量约占世界的 90%，拥有丰富的鹅品种资源和与之相关的源远流长的饮食文化。

鹅是草食家禽，具有耐粗饲、适应性广、抗病力强、周期短、效益高、节约粮食等特点。近年来，随着畜牧业的持续发展、人们生活水平的提高和崇尚绿色食潮的发展，以及国家为建设现代农业对畜牧业尤其对草食动物养殖政策性扶持，带动了养鹅业的大发展，饲养量逐年增加，饲养规模逐渐增大，形成了地区性养鹅产业集聚。

目前，我国养鹅业中的主体是个体养殖户，他们绝大多数人的文化水平不高，仍然沿袭传统饲养方式，在开始养鹅前没有得到过系统的培训，饲养管理和消毒防疫等专业知识匮缺。饲养设施和饲养条件也比较落后，随意选择鹅场场址和修建简陋的鹅舍，鹅舍内的小环境条件恶劣。由于农业的发展，大量使用化肥、农药，残留物污染土壤、草地和水源环境；工业生产迅速发展，范围不断扩大，绝大多数工业企业防治污染的意识增强，工业污染物的排放符合国家有关的政策规定，但乱排、乱放现象仍然严重，特别是农村的乡镇、个体企业，排放物造成大量的水面污染，致使生态环境污染严重。同一水域或产业集聚带饲养多群来源不同的禽群，极易相互传播各种传染病。加上规模化的发展和饲养密度的增加，饲养比较分散，饲养环境难以封闭隔离等。这些现状很容易导致鹅群出现疫情，一旦发生疾病，传播速度又快，许多养殖户对新疫情和常见常发疾病防治基础知识不了解，没有掌握相关的防治手段，难以及时采取针对性的措施来降低鹅的疾病发病率和死亡率，经济损失很严重，直接影响养殖户的收入增加，

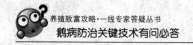

影响养鹅产业化的发展。

我们根据中国农业出版社有关《养殖致富攻略·一线专家答疑丛书》的要求，结合当前的养鹅业发展趋势，编写了《鹅病防治关键技术有问必答》。

本书分六个部分，专门针对鹅解答了鹅病综合防制措施、鹅的细菌性传染病、病毒性传染病、寄生虫病、营养代谢与中毒性疾病、常用兽药及生物制品等。介绍的疾病防制措施方法比较实用，也较详细地叙述每种疾病病原特点及流行特点，为诊断和防治提供科学依据。本书特色如下：一是收纳了鹅病防控技术研究新成果、新产品；二是对近年来新发疾病的防控做了重点阐述；三是对一些国外已发生且流行严重，而我国未有确诊病例报道但已检测到相关病原的疾病进行了介绍，以期提醒广大养殖户和兽医人员注意。

本书的内容简明、精练，面向生产实践，讲求实用，比较全面地反映了我国鹅病的研究成果和防治经验，具有普及和提高相结合的特点，可供广大养鹅户、乡村干部和基层农技员参考。

由于参加编写人员的写作风格不尽相同，加之，限于编著者水平有限，时间紧迫，书中不妥之处，诚恳希望广大读者提出批评指正。

戴亚斌　周新民

2016 年 7 月

目 录

前言

一、鹅病的综合防制原则与技术 …………………… 1

1. 什么是生物安全？对鹅病的防制有何帮助？ ……… 1
2. 建设鹅场应注意哪些问题？ ……………………… 1
3. 为何鹅场不能养鸡、鸭等其他畜禽？ …………… 2
4. 如何做好雏鹅苗的运输？ ………………………… 3
5. 育雏前需要做哪些准备工作？ …………………… 3
6. 育雏鹅的温度如何掌握？ ………………………… 4
7. 育雏期间还要注意哪些方面？ …………………… 4
8. 鹅舍空气中的有害成分有哪些？ ………………… 5
9. 鹅舍中有哪些灰尘和微生物？ …………………… 7
10. 鹅场如何做好人员的防疫工作？ ………………… 7
11. 如何搞好饲养管理？ …………………………… 8
12. 如何建立严格的卫生消毒管理制度？ …………… 8
13. 如何做好清洁卫生和放牧工作？ ………………… 9
14. 养鹅是否也要全进全出？ ……………………… 10
15. 种蛋如何消毒？ ………………………………… 10
16. 如何确保免疫成功？ …………………………… 11
17. 影响免疫效果的因素及免疫失败的原因是什么？ …… 13
18. 鹅场流行病学调查包括哪些内容？ …………… 17
19. 鹅病临床观察哪些方面？ ……………………… 18
20. 病理剖检操作顺序及注意观察的项目是哪些？ …… 19
21. 消毒、免疫、兽用化学药品如何协同应用？ …… 20
22. 如何建立检疫监测系统？ ……………………… 22

二、鹅的细菌性和真菌性疾病 ………………… 24

23. 养鹅生产中常见的细菌性和真菌性传染病有哪些？ … 24

24. 侵害鹅呼吸道、消化道的主要细菌性传染病
有哪几种？ •••••••••••••••••••••••••• 24

25. 以侵害产蛋鹅生殖系统为特征的主要细菌性传染病
有哪几种？ •••••••••••••••••••••••••• 24

26. 与病毒性传染病相比，鹅的细菌性传染病的
发生、流行以及防治方面有什么特点？ •••••••••• 25

27. 禽霍乱是一种什么病？多大日龄的鹅容易发生禽霍乱？••••• 25

28. 禽霍乱的病原有哪些特征？ ••••••••••••••••••• 26

29. 禽霍乱的流行特点是什么？禽霍乱的传染源有哪些？
该病是如何传播的？ •••••••••••••••••••••• 26

30. 鹅的禽霍乱通常有哪些临床症状？ ••••••••••••••• 27

31. 禽霍乱的病理剖检变化有哪些？ ••••••••••••••• 27

32. 怎样诊断鹅的禽霍乱？如何加强饲养管理来杜绝或
减轻本病的发生？ •••••••••••••••••••••••• 28

33. 如何进行鹅的禽霍乱免疫？ ••••••••••••••••••• 29

34. 治疗禽霍乱常用的药物有哪些？ ••••••••••••••• 30

35. 卵黄性腹膜炎是一种病吗？卵黄性腹膜炎的病原
有什么特点？ •••••••••••••••••••••••••••• 30

36. 鹅卵黄性腹膜炎发生与流行有什么特点？ •••••••• 31

37. 鹅卵黄性腹膜炎在临床上有哪些症状？ •••••••••• 31

38. 卵黄性腹膜炎主要有哪些剖检病变？ •••••••••••• 32

39. 如何对卵黄性腹膜炎进行诊断？如何与其他病进行
鉴别诊断？ •••••••••••••••••••••••••••• 33

40. 针对鹅的卵黄性腹膜炎应采取哪些防治措施？ ••••• 33

41. 鹅副伤寒是由什么病原引起的？禽副伤寒与鸡白痢、
禽伤寒之间有什么关系？ •••••••••••••••••••• 34

42. 鹅副伤寒的病原有什么特点？其流行特点是什么？
有哪些传播途径？ •••••••••••••••••••••••• 34

43. 鹅副伤寒的临床症状和病理变化有哪些？ •••••••• 35

44. 如何对鹅副伤寒进行诊断和预防？ ••••••••••••• 36

45. 鹅群得了副伤寒如何进行治疗？如何对该病
进行免疫接种？ •••••••••••••••••••••••••• 36

46. 鹅副伤寒的病原在公共卫生方面
有什么重要的意义？ •••••••••••••••••••••••• 36

47. 小鹅流行性感冒是由什么病原引起的？主要特征是
　　什么？ ……………………………………………………… 37

48. 多大的鹅易发鹅流行性感冒？什么时候鹅群容易发生
　　小鹅流行性感冒？ ………………………………………… 37

49. 小鹅流行性感冒有哪些临床症状和病理变化？ ………… 37

50. 如何对仔鹅感冒进行防治？ ……………………………… 38

51. 仔鹅感冒与小鹅瘟的主要区别有哪些？ ………………… 38

52. 曲霉菌病是一种什么病？该病的病原有什么特点？ …… 39

53. 曲霉菌病有哪些流行特点？ ……………………………… 39

54. 鹅曲霉菌病在临床表现上有哪些特征？
　　剖检变化有哪些？ ………………………………………… 40

55. 如何诊断曲霉菌病？与黄曲霉毒素中毒如何区分？ …… 41

56. 用哪些方法来防治鹅曲霉菌病？ ………………………… 41

57. 鹅口疮是一种什么病？该病的病原是什么？
　　有什么特点？ ……………………………………………… 42

58. 鹅口疮的易感动物有哪些？哪些因素会促使发生该病？ … 42

59. 鹅口疮在临床上有哪些症状和典型病理变化？ ………… 43

60. 如何诊断和防治鹅口疮？ ………………………………… 43

61. 鹅坏死性肠炎一种什么样的病？其病原有哪些特征？ … 44

62. 鹅坏死性肠炎流行与发生特点有哪些？ ………………… 44

63. 鹅坏死性肠炎的症状有哪些？具有特征性剖检病变吗？ … 45

64. 如何诊断和防治鹅坏死性肠炎？ ………………………… 45

65. 鹅链球菌病是一种什么病？鹅链球菌病的病原是什么？
　　有什么特征？ ……………………………………………… 46

66. 鹅链球菌病的发生和流行特点有哪些？ ………………… 46

67. 鹅链球菌病有哪些临床症状和病理变化？ ……………… 47

68. 如何诊断和防治鹅链球菌病？ …………………………… 47

69. 鹅肉毒梭菌毒素中毒的病原有哪些特点？其发生与
　　流行特点有哪些？ ………………………………………… 48

70. 鹅肉毒梭菌毒素中毒的临床症状和剖检病变有哪些？ … 48

71. 怎样对鹅肉毒梭菌毒素中毒进行诊断和防治？ ………… 49

72. 鹅也会患结核病吗？该病的病原有什么特征？ ………… 49

73. 鹅结核病的流行与传播特点是什么？ …………………… 50

74. 鹅结核病的临床特征和病理变化有哪些？ ……………… 50

75. 如何对鹅结核病进行诊断和预防？ •••••••••••• 51
76. 鹅的伪结核病是一种什么样的病？其发病特点有哪些？•••••• 51
77. 鹅伪结核病有什么样的临床症状和剖检病变？•••••••••• 52
78. 如何对鹅的伪结核病进行诊断和防治？ •••••••••• 52
79. 鹅渗出性败血症是一种新病吗？ •••••••••••••• 53
80. 鹅渗出性败血症的病原有什么特征？•••••••••••• 53
81. 鹅渗出性败血症的发生与流行有哪些特点？•••••••••• 53
82. 鹅渗出性败血症有哪些症状？ •••••••••••••• 54
83. 鹅渗出性败血症具有特征性病变吗？如何诊断？•••••••• 54
84. 如何对鹅渗出性败血症进行治疗、预防和控制？•••••••• 55
85. 鹅葡萄球菌病的病原是什么？有什么特征？•••••••••• 55
86. 鹅葡萄球菌病的流行特点有哪些？•••••••••••••• 56
87. 鹅葡萄球菌病有哪些临床症状？ •••••••••••••• 56
88. 鹅葡萄球菌病在剖检上有哪些病变？•••••••••••• 57
89. 如何诊断和防治鹅葡萄球菌病？•••••••••••••• 57
90. 弯曲杆菌病是一种什么样的病？鹅也可能发生吗？•••••• 57
91. 如何认识弯曲杆菌病及对该病进行防治？•••••••••• 58
92. 鹅也能发生"慢性呼吸道病"吗？•••••••••••••• 58
93. 鹅在感染支原体后发病的症状和病变主要有哪些？•••••• 58
94. 如何进行鹅支原体感染的防治？•••••••••••••• 59
95. 鹅也会发生衣原体病吗？•••••••••••••••••• 59
96. 鹅衣原体病的特点和临床症状有哪些？•••••••••••• 60
97. 对鹅衣原体病的预防和治疗措施有哪些？•••••••••• 60

3

三、鹅的病毒性疾病 ••••••••••••••• 61

98. 什么是病毒？其结构和组成成分是什么？•••••••••• 61
99. 鹅有哪些病毒性传染病？•••••••••••••••••• 62
100. 烈性病毒性传染病有哪些主要特征？•••••••••••• 63
101. 病毒性传染病的防治有哪些原则？•••••••••••••• 63
102. 小鹅瘟是一种什么病？其病原是什么？•••••••••••• 65
103. 小鹅瘟的流行有哪些特点？•••••••••••••••• 65
104. 小鹅瘟有哪些临床症状？•••••••••••••••••• 66
105. 小鹅瘟有哪些病变？•••••••••••••••••••• 66
106. 小鹅瘟的传染来源有哪些？•••••••••••••••• 67

107. 如何预防小鹅瘟的发生? 68

108. 鹅群发生小鹅瘟后有哪些紧急防治措施? 69

109. 孵坊应采取哪些措施预防小鹅瘟的发生? 69

110. 雏鹅使用活疫苗和抗血清应注意哪些事项? ... 69

111. 如何诊断小鹅瘟? 70

112. 什么是禽流感? 禽流感与其他动物流感有什么关系? 70

113. 禽流感病毒的 H 和 N 是什么意思? 71

114. 什么是高致病性禽流感? 71

115. 高致病性禽流感的潜伏期有多久?
     在潜伏期能传染吗? 71

116. 禽流感的传播途径是什么? 72

117. 禽流感病毒易感动物的种类有哪些?
     鹅也会感染禽流感吗? 72

118. 高致病性禽流感的流行特点是什么? 为什么高致病
     性禽流感多发生于冬春季节? 73

119. 鹅高致病性禽流感主要有哪些临床表现? 73

120. 鹅高致病性禽流感有哪些病理变化? 74

121. 鹅禽流感与新城疫有何区别? 74

122. 鹅高致病性禽流感的发生与品种、年龄、
     性别有关吗? 75

123. 禽流感病毒抵抗力强吗? 75

124. 鹅禽流感如何诊断? 75

125. 禽流感如何治疗? 76

126. 在鹅禽流感防治工作中应注意哪些问题? 76

127. 禽流感免疫工作中应注意哪些问题? 78

128. 何为鹅新城疫? 78

129. 鹅新城疫有哪些流行特点? 有哪些症状? 79

130. 鹅新城疫有哪些病变? 79

131. 鹅新城疫如何诊断? 81

132. 鹅新城疫有哪些防制措施? 81

133. 鹅鸭瘟的病原是什么? 82

134. 鹅鸭瘟有哪些流行特点? 82

135. 鹅鸭瘟有哪些症状? 83

136. 鹅鸭瘟的病理变化有哪些? 83

137. 鹅鸭瘟如何诊断？如何预防？ ………………………… 85

138. 鹅发生鸭瘟后可采取哪些紧急防治措施？ ………… 86

139. 雏鹅新型病毒性肠炎的病原是什么？ ……………… 86

140. 雏鹅新型病毒性肠炎有何流行特点？ ……………… 87

141. 雏鹅新型病毒性肠炎有哪些临床症状？ …………… 87

142. 雏鹅新型病毒性肠炎有哪些病理变化？ …………… 88

143. 如何诊断雏鹅新型病毒性肠炎？ …………………… 88

144. 雏鹅新型病毒性肠炎如何预防和治疗？ …………… 89

145. 什么是鹅传染性法氏囊病？ ………………………… 89

146. 如何防治鹅传染性法氏囊病？ ……………………… 90

147. 何为鹅痘？ …………………………………………… 91

148. 如何防治鹅痘？ ……………………………………… 91

149. 何为雏鹅出血性坏死性肝炎？有什么流行特点？ …… 92

150. 雏鹅出血性坏死性肝炎有哪些临床症状和
病理变化？ ………………………………………… 92

151. 如何防治雏鹅出血性坏死性肝炎？ ………………… 93

152. 什么是鹅坦布苏病毒病？ …………………………… 94

153. 如何防控鹅坦布苏病毒病？ ………………………… 95

154. 何为鹅圆环病毒病？ ………………………………… 95

155. 什么是鹅网状内皮组织增殖症？ …………………… 96

156. 什么是鹅出血性肾炎肠炎？ ………………………… 97

4　四、鹅的寄生虫病 ………………………………… 99

157. 什么是寄生虫？什么是宿主？ ……………………… 99

158. 寄生虫有哪些危害性？ ……………………………… 100

159. 寄生虫病的传染来源有哪些？鹅感染寄生虫
有哪些途径？ ……………………………………… 101

160. 如何防治鹅的寄生虫病？ …………………………… 101

161. 鹅球虫有哪些种类？ ………………………………… 103

162. 球虫的生活史是怎样的？如何发育的？ …………… 103

163. 鹅球虫病有哪些临床症状和病理变化？ …………… 105

164. 如何诊断和防治鹅球虫病？ ………………………… 106

165. 毛滴虫病的病原是什么？ …………………………… 106

166. 毛滴虫病的症状和病变有哪些？ …………………… 107

167. 如何诊断和防治毛滴虫病? …………… 107

168. 鹅的线虫主要有哪些? …………… 108

169. 蛔虫病的病原是什么? 有哪些流行特点? …… 108

170. 蛔虫病有哪些症状和病理变化? 如何诊断? …… 109

171. 如何防治蛔虫病? …………… 110

172. 异刺线虫病的病原是什么? …………… 110

173. 异刺线虫病有哪些症状? 如何诊断和防治? …… 111

174. 鹅裂口线虫病的病原是什么? …………… 111

175. 鹅裂口线虫病的症状有哪些? 如何诊断和防治? … 112

176. 比翼线虫病的病原是什么? …………… 113

177. 比翼线虫病有哪些症状和病变? …………… 114

178. 如何诊断和防治比翼线虫病? …………… 115

179. 寄生于鹅的毛细线虫有哪些? …………… 115

180. 鹅毛细线虫病有哪些临床症状和病理变化?
　　如何防治? …………… 116

181. 鹅绦虫病的病原有哪些? …………… 116

182. 绦虫有哪些致病作用与症状? …………… 117

183. 绦虫病有哪些病理变化? 如何诊断? …………… 117

184. 如何防治绦虫病? …………… 118

185. 前殖吸虫病的病原是什么? …………… 119

186. 前殖吸虫病有何流行特点? …………… 119

187. 前殖吸虫病有哪些临床症状和病理变化? 如何防治? …… 120

188. 棘口吸虫病的病原是什么? …………… 120

189. 鹅棘口吸虫病有哪些临床症状和病理变化? …… 121

190. 如何防治鹅棘口吸虫病? …………… 122

191. 什么是嗜眼吸虫病? …………… 122

192. 嗜眼吸虫病的病原是什么? 有何流行特点? …… 122

193. 嗜眼吸虫病有哪些临床症状和病理变化? …… 124

194. 嗜眼吸虫病有哪些防治措施? …………… 124

195. 什么是羽虱? …………… 124

196. 羽虱有哪些致病作用? 引起哪些症状? …………… 125

197. 如何诊断和防治鹅羽虱? …………… 125

198. 什么是蜱螨? …………… 126

199. 蜱螨有哪些危害性? 如何防治? …………… 127

5

五、鹅的营养代谢病及中毒性疾病 ················· 129

200. 什么是营养代谢病？营养代谢病一般分为哪几类？ ··· 129
201. 营养代谢疾病有哪些共同的特点？ ················· 129
202. 鹅营养代谢病的诊断程序是怎么样的？
    如何进行诊断？ ·········· 129
203. 营养代谢病的防治措施是什么？ ················· 130
204. 鹅维生素 A 缺乏症是怎么回事？病因有哪些？ ··· 130
205. 鹅维生素 A 缺乏症诊断要点是什么？ ············· 131
206. 鹅维生素 A 缺乏症的预防措施和治疗方法是什么？ ··· 131
207. 鹅维生素 D 缺乏症是怎么回事？病因有哪些？ ····· 132
208. 鹅维生素 D 缺乏症的诊断要点是什么？ ··········· 132
209. 鹅维生素 D 缺乏症的防治措施是什么？ ··········· 133
210. 鹅维生素 E 和硒缺乏综合征是怎么回事？
    其病因有哪些？ ·········· 133
211. 鹅维生素 E 和硒缺乏综合征的诊断要点是什么？ ··· 134
212. 鹅维生素 E 和硒缺乏综合征的防治措施是什么？ ··· 134
213. 鹅痛风症是由什么原因引起的？其病因是什么？ ··· 134
214. 鹅痛风症的诊断要点是什么？ ················· 135
215. 鹅痛风症的防治措施是什么？ ················· 136
216. 鹅钙缺乏症是怎么回事，病因是什么？ ············· 136
217. 鹅钙缺乏症的诊断要点是什么？如何防治？ ········· 136
218. 鹅磷缺乏症的病因是怎么回事？ ················· 137
219. 鹅磷缺乏症的诊断要点和防治措施是什么？ ········· 137
220. 鹅啄食癖是怎么形成的？引起鹅啄食癖的原因
    有哪些？ ·············· 137
221. 鹅啄食癖的防治措施有哪些？ ················· 138
222. 鹅异物性肺炎的病因是什么？如何诊断和防治？ ····· 139
223. 雏鹅软脚病是怎么回事？发病原因是什么？ ········· 139
224. 雏鹅软脚病的临床症状和剖检病变是什么？ ········· 140
225. 雏鹅软脚病的防治措施是什么？ ················· 140
226. 什么叫鹅翻翅病？应如何防治？ ················· 140
227. 为什么公鹅发生生殖器官疾病的比较多？如何防治？ ··· 141
228. 鹅脚趾脓肿（趾瘤病）的原因和症状有哪些？ ······ 141

229. 鹅脚趾脓肿（趾瘤病）如何防治？……………………… 142

230. 鹅急性中毒病怎样建立诊断程序？……………………… 142

231. 什么是鹅肉毒梭菌毒素中毒症（软颈病）？…………… 142

232. 鹅肉毒梭菌毒素中毒症（软颈病）的发病特点和
症状是什么？…………………………………………… 143

233. 鹅肉毒梭菌毒素中毒症（软颈病）诊断要点及
防治措施有哪些？……………………………………… 144

234. 鹅黄曲霉毒素中毒是怎么回事？………………………… 144

235. 鹅黄曲霉毒素中毒的症状如何？………………………… 145

236. 鹅黄曲霉毒素中毒的剖检特征是什么？………………… 145

237. 鹅黄曲霉毒素中毒的防治措施是什么？………………… 146

238. 什么是鹅喹乙醇中毒？…………………………………… 146

239. 鹅喹乙醇中毒的诊断要点是什么？如何防治？………… 147

240. 雏鹅水中毒的病因是什么？诊断要点有哪些？
如何防治？……………………………………………… 147

241. 鹅食盐中毒的原因及诊断要点有哪些？………………… 148

242. 鹅食盐中毒的防治措施是什么？………………………… 149

243. 鹅亚硝酸钠盐中毒的病因是什么？其诊断要点
是什么？………………………………………………… 149

244. 鹅亚硝酸钠盐中毒的防治措施是什么？………………… 149

245. 鹅磺胺类药物中毒是什么原因引起的？………………… 150

246. 鹅磺胺类药物中毒的诊断要点是什么？………………… 150

247. 鹅磺胺类药物中毒的防治措施是什么？………………… 150

248. 鹅有机磷农药中毒是什么原因引起的？
诊断要点有哪些？……………………………………… 151

249. 鹅有机磷农药中毒的防治措施是什么？………………… 151

250. 鹅痢特灵中毒的原因是什么？中毒的临床症状和
剖检病变是什么？……………………………………… 152

251. 鹅痢特灵中毒的防治措施是什么？……………………… 152

252. 鹅霉烂包菜叶中毒的原因是什么？有什么主要
临床症状？……………………………………………… 153

253. 鹅霉烂包菜叶中毒的病理变化有哪些？如何防治？…… 153

254. 鹅马杜拉霉素中毒是怎样的？有何临床症状和
病理变化？……………………………………………… 153

255. 鹅马杜拉霉素中毒如何防治？ •••••••••••••• 154

6 六、常用兽药及生物制品 •••••••••••• 155

256. 什么是兽药？兽药包括哪些种类？ •••••••• 155
257. 兽药的来源有哪些？ •••••••••••••• 156
258. 兽药的剂型有哪些？ •••••••••••••• 156
259. 兽药有哪些特点和不良反应？ •••••••••• 158
260. 什么叫剂量？常用剂量的概念有哪些？ •••••• 158
261. 何谓假兽药、劣兽药？ •••••••••••••• 159
262. 兽药为什么不能供人使用？怎样阅读兽药标签？ 160
263. 什么是兽药的有效期、失效期？ •••••••• 160
264. 兽药如何贮存？贮存期间兽药变质的原因是什么？ ••• 161
265. 什么是消毒、防腐药？消毒与防腐有什么区别？ ••• 162
266. 兽用消毒防腐药有哪些？ •••••••••••• 163
267. 如何合理使用消毒药？ •••••••••••••• 163
268. 消毒在养殖业中有哪些重要意义？ •••••••• 164
269. 怎样使用煤酚皂溶液消毒？ •••••••••••• 165
270. 如何使用烧碱消毒？ •••••••••••••• 165
271. 如何使用过氧乙酸消毒？ •••••••••••• 166
272. 如何使用消毒药对鹅舍和地面消毒？ •••••••• 166
273. 如何使用甲醛和高锰酸钾消毒？ •••••••••• 167
274. 什么是抗生素？分为哪几类？ •••••••••• 167
275. 抗生素的作用机理是什么？ •••••••••••• 168
276. 抗生素合理应用的基本原则是什么？ •••••••• 169
277. 什么是细菌的耐药性？ •••••••••••••• 170
278. 什么是兽药的配伍禁忌？如何分类？ •••••••• 170
279. 兽药的理化性配伍禁忌有哪些？常见药品有哪些
不能一块使用？ •••••••••••••••• 171
280. 头孢菌素类抗生素的特点是什么？ •••••••• 172
281. 红霉素的作用是什么？如何应用？ •••••••• 172
282. 泰乐菌素的抗菌作用有何特点？
其主要用途是什么？ •••••••••••••• 173
283. 兽医临床上常用的氨基糖苷类抗生素有哪些？ •••• 173
284. 兽医临床上常用的合成抗菌兽药有哪些？ •••••• 174

285. 磺胺类兽药的主要优缺点及机理是什么？ ………… 175

286. 什么是抗菌增效剂？ ………………………………… 176

287. 恩诺沙星的用途是什么？ …………………………… 176

288. 什么是抗寄生虫药？ ………………………………… 176

289. 如何合理选择抗寄生虫药？ ………………………… 177

290. 抗球虫药的用量及注意事项是什么？ ……………… 177

291. 怎样用盐酸左旋咪唑驱除线虫？ …………………… 179

292. 枸橼酸哌嗪（驱蛔灵）如何使用？ ………………… 179

293. 阿苯达唑如何使用？ ………………………………… 179

294. 驱绦虫药如何应用？ ………………………………… 180

295. 制霉菌素的抗真菌特点是什么？ …………………… 180

296. 几种兽用药物残留的危害是什么？ ………………… 180

297. 我国在生产中有哪些兽药禁止使用？ ……………… 181

298. 使用维生素制剂应注意什么？ ……………………… 182

299. 什么是兽用生物制品？ ……………………………… 183

300. 兽用生物制品包括哪些种类？ ……………………… 183

301. 兽用生物制品的作用是什么？ ……………………… 183

302. 什么叫做微生态制剂？作用是什么？ ……………… 184

303. 如何运输和贮藏兽用生物制品？ …………………… 185

304. 使用兽用生物制品一般注意事项有哪些？ ………… 185

305. 冻干活疫苗接种应注意哪些问题？ ………………… 187

306. 如何正确使用鹅用疫苗？ …………………………… 188

307. 如何选择佐剂灭活疫苗的注射部位？ ……………… 189

308. 应用兽用生物制品联苗的好处是什么？ …………… 191

309. 预防小鹅瘟的疫苗如何使用？ ……………………… 191

主要参考文献 …………………………………………… 193

一、鹅病的综合防制原则与技术

1. 什么是生物安全？对鹅病的防制有何帮助？

生物安全是指防止把引起畜禽疾病或人兽共患病的病原体引进畜禽群体所采取的一切饲养管理措施。对于鹅场来说，生物安全就是防止有害生物进入和感染健康鹅群所采取的一切措施，是立体、全方位预防鹅病的系统。当前，我们广大养殖者和技术工作者要改变疾病控制的原有观念，改变过分依赖药物和疫苗防治鹅病的做法，树立生物安全意识，建立规范的生物安全体系。加强鹅场生物安全管理，是鹅群健康和鹅产品绿色健康的保证。

凡是与鹅群相接触的人和物都是实施生物安全需要控制的对象，包括鹅舍、鹅、人员、饲料、饮水、用具和运输车辆等方方面面。所以需要在做好规划设计和规范要求基础上，制定严格的操作规程和管理制度，确保生物安全达到效果。

2. 建设鹅场应注意哪些问题？

（1）**鹅场的选址** 养鹅场地的选择，需慎重和全面考虑。从防疫卫生角度，应注意远离居民点，远离养禽场、屠宰场、农贸市场和交通要道，地势较高而不位于低洼积水的地方，有充足和卫生的水源。

（2）**鹅舍的建筑** 主要根据鹅群生物学特点和卫生防疫要求来考虑，鹅舍建筑高度在 1.2～2.5 米为宜，舍内地面比舍外的高 25～30 厘米。鹅体温比较高，基础代谢旺盛，鹅的正常体温在 40.5～41.7℃，鹅生产活动最适宜的环境温度为 15～23℃，这就要求鹅舍冬暖夏凉，空气流通，地面和墙壁最好用水泥砌好，能耐受高压水的冲洗，便于以后将鹅舍内残留的有害微生物冲洗掉，对设施建筑等硬件在一开始就要舍得投入，以免留下先天不足。

（3）设备设施　水、电、路要规划设计好，保证三通，要有充足的活动场所，必要时要铺设运动场（最好是水泥地面，便于冲洗消毒），运动场场地平坦而略向沟倾斜，以防雨天积水。如果没有自然水源可以利用，需要建造人工游泳水沟，宽 1～1.5 米、深 30～50 厘米，水能经常更换，引入和排出都很方便就行。鹅与鸟、鼠、猫等有共患病，很多疾病都能通过它们传染，因此，需设防鸟网。鹅属于神经类型比较活跃的动物，易受惊吓而引起骚动，对突然的声音、影像、光线、动作等变化易受惊扰，故在场地选择、环境规划时要注意避免应激因素，舍内光照不宜过强。为方便原料、饲料、鹅产品等运输，场外要有运输道路能与公路相通，鹅场离开公路的距离不能少于 300 米，太近对防疫不利，太远又不方便，运输成本又大，场内运输道路宽度最好不少于 3 米。

（4）饲草资源　鹅是草食动物，每只成年鹅一天可以消耗 1.5～2.5 千克青草，鹅场周围必须有较多或较大的可供放牧的草地，或者能方便得到草源的地方，当然即使是有广阔的草场，也应注意如何分区轮牧，或者改放牧为刈割喂养，以保护草地资源，有利于持久地充分利用。同时根据实际需要改造野生杂草为人工栽培牧草，努力提高牧草的质量和产量，从而提高每平方米草地面积的养鹅量。常用的牧草有紫花苜蓿、三叶草（白三叶、红三叶）、毛苕子、紫云英、黑麦草、苏丹草、无芒雀麦、燕麦、浮萍等。这些牧草最好现采现喂，不可堆积，以防产生亚硝酸盐引起中毒。

3. 为何鹅场不能养鸡、鸭等其他畜禽？

现在养殖都要求专一的生产，养殖场只能养殖一个品种畜禽，不能混养其他品种，这是因为家禽和家畜之间有一些疫病是共患的，也有一些家畜可以带菌不发病，而将病菌带给家禽，引起家禽发病。

不同种类的家禽有一些疫病是共患的，对某些疾病的抵抗力也是不同的，例如新城疫在鸡群中常有暴发，新城疫病毒也能致鹅感染发病，使鹅暴发新城疫。鸭常常带禽流感病毒而不发病，鹅对禽流感病毒要比鸭敏感，如果鸭与鹅饲养在一起也容易导致鹅暴发禽流感。

由此可知，在条件许可时，最好是专业化生产，鹅场只能养鹅，这样更有利于对疫病的预防。

4. 如何做好雏鹅苗的运输？

即使种鹅场提供的种苗是健康无病的，如果在运输过程中稍有失误，则可能因受凉、过热、缺水、挤压等而造成直接的死亡损失，幸存的种苗则大多较为衰弱，在育雏期间容易出现各种各样的疾病。

运输雏鹅苗是一项十分细致的工作，押运人要有强烈的责任心，并熟悉基本的要领。冬季在中午装运，夏季在夜间装运，运装容器可以是竹筐、塑料箱或纸皮箱，现多选用纸皮箱，箱内添加少量松软的垫料，装车应放平稳，夏季注意通风散热，冬季注意防风寒。行车路上应每小时检查车厢内纸皮箱是否有倾斜、翻倒，随机检查若干个纸皮箱内鹅苗，注意其叫声是否正常，是否张口呼吸，是否有压死的等；对确实需要长途运输的种苗，从出壳后绒毛干燥起计，必须在36小时内到达目的地，超过36小时的最好安排在途中补充一次饮水，在运输途中或长途运输后给鹅苗补充饮水，应有节制分次供给，防止暴饮，防止互相践踏，防止落入水中全身湿透。

5. 育雏前需要做哪些准备工作？

育雏舍要在进雏前半个月准备好，打扫干净，补好裂缝，堵死鼠洞，擦净门窗，墙壁用20%的石灰乳刷白消毒，有条件的在地面抹上水泥，用消毒剂消毒。将水槽、饲槽、用具洗刷干净后，搬入舍内，封闭门窗，将室温升至20℃以上，相对湿度75%以上，然后按每立方米40毫升甲醛溶液，20克高锰酸钾混合，熏蒸消毒24小时。同时，还要准备好优质的饲料和必需的药品。进雏前1~2天对育雏舍要预温，大型育雏采用烟道、热水管或蒸汽管取暖方法。平养应准

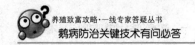

备新鲜的垫料；网上饲养则事先钉好支架，高度为 60～80 厘米、宽 1.5～2 米，铺上网片（塑料网或铁丝网），消毒后备用。

6. 育雏鹅的温度如何掌握？

雏鹅的体温调节中枢尚未完全成熟，所以对冷的适应能力较差，如果舍温过低，则雏鹅很容易受冷，一些雏鹅可因此衰竭死亡。另外，也容易引起其他疫病的发生。雏鹅受冷一般可分为三类，第一类是整个保温育雏期温度稍偏低，这在防寒设施不完善的鹅舍或冬季异常寒冷的季节可能会出现；第二类是育雏温度忽高忽低，这在用木炭、煤球等保温时经常会发生；第三类是短时间严重冻伤，这种情况主要是工作人员责任心不强，热源停止产热而未及时发现，也可能是白天气温高，下半夜突然降温而不及时升温等造成的。经受寒冷伤害的雏鹅群，日后大多疾病不断，难以达到预定的生产水平，做好保温工作是预防疾病相当重要的饲养管理措施之一。

幼雏鹅要在温室饲养。雏鹅 1～7 日龄室温保持在 27～29℃ 为宜，以后每 2 天下降 1℃，20 日龄前维持在 18～20℃，20 日龄以后应根据实际情况，逐步调节到自然温度，称为脱温，脱温至常温饲养。这里所指的育雏温度，是育雏箱内垫料上 5～10 厘米的温度而不是室温，室温是指育雏室两窗之间距地上 1.5～2 米处的温度。

育雏温度是否适宜，可从雏鹅群的动态观察出来。若温度适宜，小鹅吃食后不久就会入睡，虽彼此依靠，但不扎堆，无特殊叫声；若温度过低，则小鹅互相挤压、扎堆，叫声尖而长；若温度过高，则小鹅向四周散开，叫声高而短，张口呼吸，背部羽毛潮湿。温度过高或过低，均易引起雏鹅发病或死亡。

7. 育雏期间还要注意哪些方面？

（1）湿度 鹅虽然属于水禽，但也怕圈舍潮湿，30 日龄以内的雏鹅更怕潮湿。潮湿对雏鹅健康和生长影响很大，如果湿度高温度低，体热散发而感寒冷，易引起感冒和下痢，如果湿度高温度也高，体温散发受抑制，体热积累造成物质代谢与食欲下降，抵抗力减弱，容易生病。鹅舍内相对湿度应维持在 60%～70%。

(2) 空气 由于雏鹅生长发育较快，新陈代谢非常旺盛，产生大量的二氧化碳和水蒸气，加上粪便中分解出的氨，使室内的空气受到污染，影响雏鹅的生长发育，为此，育雏室必须有通风设备，经常进行通风换气，保持室内空气新鲜，但不能有贼风，通风换气时，不能让进入室内的风直接吹到雏鹅身上，防止其受凉而引起感冒。

(3) 密度 由于雏鹅生长发育较快，要随着日龄的增加而对密度进行不断调整，如果密度过大，鹅群拥挤，则生长发育缓慢，并出现相互啄羽、啄趾、啄肛等现象。密度过小，当然就不经济。通常每平方米养育 1～5 日龄的雏鹅20～25 只、6～10 日龄的 20 只、16～20 日龄的 12 只、20 日龄后的 8 只。

(4) 光照 雏鹅的光照要制定制度，严格执行，光照不仅与生长速度有关，也对仔鹅培育期性成熟有影响，光照量过度，种鹅性成熟提前，种鹅开产早，产蛋持续性差。育雏期光照时间：第一天可采用 24 小时光照，以后每 2 天减少 1 小时，至 4 周龄时采用自然光照。

(5) 垫料 常用的垫料有稻草、稻壳、稻糠、木屑等，地面上铺 5～10 厘米厚垫料，注意经常松动和更换垫料，及时把被弄湿的垫料拿到室外晒干后再用，千万不能使用发霉的垫料。

8. 鹅舍空气中的有害成分有哪些?

鹅舍内由于鹅的呼吸、排泄以及粪便、饲料等有机物的分解，使空气原有的成分比例发生变化，同时还增加了氨、硫化氢、甲烷、羟基硫醇、粪臭素等有害成分，其中最常见和危害较大的有氨、硫化氢、二氧化碳和一氧化碳。

(1) 氨 无色，具有刺激性臭味，是易溶于水的气体，相对密度为 0.596（与同体积干洁空气重量的比值，下同），人可感觉的最低浓度为 4 毫克/米^3，舍内氨气主要由含氮有机物分解来的，特别是温热、潮湿、饲养密度大、垫料反复利用、通风不良等均会使其浓度升高。封闭舍空气中氨气含量一般为 $3\sim8$ 毫克/米^3，高者可达 60 毫克/米^3。氨气的危害是，易被呼吸道黏膜、眼结膜吸附而产生刺激作用，使结膜产生炎症；吸入气管使呼吸道发生水肿、充血，分泌液充塞气管；氨气可刺激三叉神经末梢，引起呼吸中枢和血管中枢神经反射性兴奋；氨气还可麻痹呼吸道纤毛或损害黏膜上皮组织，使病原微生物易于侵入，从而减弱鹅对疾病的抵抗力。氨气除使抵抗力降低、发病率上升外，还会影响食欲，使生产力下降，死亡率上升。

(2) 硫化氢 无色，易挥发，易溶于水，相对密度 1.19，有强烈臭鸡蛋气味，产生气味的低限为 0.17 毫克/米^3。硫化氢主要来源于含硫有机物的分解，破蛋腐烂或鹅消化不良时均可产生大量硫化氢，因硫化氢相对密度大，故地面附近浓度高。硫化氢毒性很强，易被黏膜吸收与钠离子结合生成硫化钠，刺激黏膜产生眼炎和呼吸道炎症，出现流泪、角膜混浊、咳嗽，甚至肺水肿。硫化氢通过肺泡进入血液后，未氧化的硫化氢可影响细胞氧化过程，造成组织缺氧。长期低浓度的硫化氢刺激可使鹅体质变弱，抗病力下降，生产性能低下，体重减轻。高浓度急性中毒，抑制呼吸中枢，导致窒息死亡。鹅舍中硫化氢浓度不能超过 17 毫克/米^3。

(3) 二氧化碳 无色，无味，略带酸味，相对密度 1.524。大气中含二氧化碳 $0.03\%\sim0.04\%$，鹅舍内如通风设备失灵、通风不良，密度过大，二氧化碳可达 0.5%。二氧化碳并无毒性，只是在舍内浓度过高，持续时间过长时会造成缺氧。

(4) 一氧化碳 无色，无味，相对密度 0.967。鹅舍内一般没有一氧化碳，用煤炭等燃料取暖燃烧不完全、煤气灯照明时均可产生一氧化碳。一氧化碳对血液和神经有毒害作用，对血红蛋白的亲和力比氧大 $200\sim300$ 倍，形成的碳氧化血红蛋白不易解离，造成急性缺氧，出现循环和神经系统病变，使鹅死亡。

减少舍内有害气体的措施：减少粪便在鹅舍中的存留时间，保证舍内供水系统不漏水，保持舍内空气和四壁干燥，合理地通风换气，排出舍内浑浊、潮湿的空气。

9. 鹅舍中有哪些灰尘和微生物?

鹅舍内湿度较大,灰尘及微生物来源多,空气流动慢,无紫外线照射,这些都为微生物的生存创造了良好的条件。有报道鹅舍空气1克尘埃中含有20万~25万大肠杆菌。在清扫卫生、饲喂、生产性操作及鹅群骚动鸣叫时都可使空气中的灰尘和微生物含量大量增加。空气中的病原微生物吸附在灰尘和飞沫上,可使鹅患病。呼吸道疾病的传染多由飞沫传播造成,如新城疫多是鹅吸入带病毒的飞沫而感染的。减少鹅舍中灰尘和微生物的措施是实施严格的卫生防疫制度,改善管理,如禁止干扫地面,改善鹅舍和场区环境,实行全面种植、种草,加强降尘,增加空气湿润,防止舍内空气过度干燥,每周进行气雾消毒1~2次。

10. 鹅场如何做好人员的防疫工作?

在诸多预防疾病的因素中,人是最重要的因素,应该看到养鹅场与场外的社会环境是密切相关的,认真细致地做好疾病预防工作,不仅为了本人或本场的饲养成绩和经济效益,也是保持环境的清洁卫生应尽的责任。

(1) 每个工作人员应加强责任心,树立防疫意识,只有高度的责任心和自觉性,才能细致地做好饲养管理工作,才能认真地落实每一个与预防疾病有关的环节,尽量减少疾病的发生,那些毫无责任心和自觉性的人最终是不可能养好家禽的。

(2) 工作人员对鹅场环境、鹅舍设备等要有充分的了解,对鹅群状况要心中有数,每天进行认真检查,发现异常应及时报告或处理,做到及早发现问题、解决问题。

(3) 要认清预防工作是一项长期工作,其效果和效益需要经过一定时间才能显现,所以要从长远利益出发,严格遵守有关兽医法规及规章制度,长期坚持做好每一项预防工作。

(4) 发现疫情要及早向有关主管部门报告,及时做出正确诊断,迅速采取控制和扑灭措施。

11. 如何搞好饲养管理？

首先是各个饲养生长发育阶段要有合理的全价饲料及青绿饲料；有合理的温度、湿度、密度和光照等；保证有清洁饮水，冬天最好用温水，夏天用凉水，必要时在饮水中添加消毒药或抗应激药；不喂发霉变质的饲料；对鹅的日常饲养管理要有规律，并按制度规定操作；根据不同品种，不同日龄的要求供给按科学配制的营养全价饲料，增强鹅的体质，提高鹅群抵抗力。

建立除粪、清扫、外购鹅和外来人员的消毒、往来车辆的消毒、鹅舍内外和运动场的消毒、病死鹅和粪便的处理等各项管理制度；采取全进全出的饲养方式；不同种类的畜禽不要混合饲养；做好记录工作，有利于掌握场内家禽健康状况、疫病的种类和发病规律等。

预防接种就是指将疫苗通过滴鼻、饮水、喷雾、注射等途径接种到鹅体内，使之产生抗体，从而保证鹅不受感染，阻断传染病的发生。当前对养鹅生产威胁较大的传染病主要是：小鹅瘟、禽流感、新城疫、卵黄性腹膜炎及禽霍乱等。

应用药物预防和治疗也是增强机体抵抗力和防治疾病的有效措施。尤其是对尚无有效疫苗可用或免疫效果不理想的细菌性疾病，如沙门菌病、大肠杆菌病、浆膜炎和禽霍乱等。当然，我们现在更应提倡"无抗"饲养。

12. 如何建立严格的卫生消毒管理制度？

切实做好疾病的预防，一方面需要工作人员的自觉性，另一方面也需要相应规章制度的约束，例如，对进场人员和车辆物品的消毒，对种蛋、孵化机和出雏机的清洁消毒，禽舍的清洁和消毒的程序和卫生标准，疫苗和药物的保管与使用，免疫程序和免疫接种操作规程，对各种家禽的饲养管理规程等，制度一经制定公布，就要经常检查总结，有奖有罚，这是养禽场尤其是大型养禽场绝对不能忽视的，没有严格的制度是不可能有科学和合理的管理，就不可能养好家禽，就必然要暴发这样或那样的疾病，只有严格地执行科学和合理的卫生防疫制度，才能使预防疫病的措施得到落实，减少和杜绝疫病的发生。

(1) 健全养鹅场的卫生防疫制度，杜绝传染源 鹅场门口设消毒水池对过往车辆进行消毒，设消毒室（紫外灯、消毒箱）对过往人员进行消毒；外购鹅必须经过隔离饲养、观察，无病的方可进入鹅群；选购雏鹅必须从无疫病地区，打过预防针，饲养正规的种鹅场引进；鹅场售出的鹅，不得再回场内；鹅场内各鹅舍间的用具不得互相混用；鹅尸体、粪便要有专门尸体坑和固定地点（下风向、远离水源）存放发酵；防止活体媒介物和中间宿主与鹅群接触，杀灭体外寄生虫、蚊蝇，防止犬、猫、飞鸟等进入场内。

(2) 搞好环境卫生，减少环境因素对鹅群的危害

①清扫：鹅场周围环境每年春秋两季应各进行一次全面大清扫。舍内、外运动场应每天清扫一次。食槽、水槽、用具应每天清洗一次。另外，舍内外地面要平坦干燥，舍内保持通风良好。冬季做好防寒，夏季做好防暑工作。

②消毒：鹅场应每月用过氧乙酸（0.3%～0.5%）或百毒杀消毒（1∶600）或来苏儿液（3%～5%）喷雾消毒一次。鹅舍内应每周消毒一次。食槽、水槽、用具应每周消毒一次。如在疾病多发或梅雨季节，消毒次数可增加1～2次。

(3) 药物防治 主要用于肠道性疾病，如在疾病多发或梅雨季节，可用5%恩诺沙星溶液3毫升加水2千克饮用，对大肠杆菌、巴氏杆菌、沙门菌等都有杀菌作用，对禽霍乱、副伤寒病有预防作用。如有粪便异样的病鹅，可单独隔离治疗，可用抗生素药，在病初期用青霉素治疗，成年鹅每只肌内注射5万～8万国际单位，每天2～3次，连用4～5天，病后期用链霉素，成年鹅每只注射10万国际单位，每天2次，连用2～3天。

13. 如何做好清洁卫生和放牧工作？

(1) 清洁卫生 清洁卫生是防治传染病的根本措施。清洁卫生的鹅场，有利于疫病控制，同时也能使鹅吃料长肉，提高生产性能。

①水源卫生：尽量不用河、塘、地表水作饮用水。用地表水和井水需处理，每千克水中加2毫克氯消毒。

②工作人员的卫生：饲养员要有专用工作衣、鞋、帽等。

③用具卫生：包括水槽、料槽等。

④环境卫生：清洁卫生的环境，可减少病源，切断一切传播疫病的途径。

（2）放牧工作 群牧和喜水是鹅的自然生活习性。初次放牧和游水在出壳后7~10天，选择晴天风平之日，待饲喂后赶在草地上任其采食青草，并赶在浅水边让鹅自由下水，切不可强迫赶回休息。20日龄以后逐渐终日放牧，任其自由下水，40日龄以后可露宿野外放牧饲养。

14. 养鹅是否也要全进全出？

不同年龄的鹅有不同的易发疫病，鹅场内如有几种不同日龄的鹅共存，则日龄较大的患病鹅或是已病愈但仍带毒的鹅随时可将病原传播给日龄小的鹅。因此，从育雏到上市或被淘汰的整个饲养期中，病原可能存在于日龄较大的鹅群中不引起发病，但却可以将病原体传给场内日龄小的敏感雏鹅，引起疾病的暴发。因此，日龄档次越多，鹅群患病的机会就越大，相反如果确实做到全进全出，一个鹅场只养一个品种的一个日龄，则即使鹅处于对某些疫病的敏感期，但由于没有病原体的感染而平安地度过了一个又一个阶段，直到顺利上市，由此可知全进全出的饲养方法，鹅群发病的机会比多日龄共存的禽场要少得多。无数实验证明，全进全出的饲养方法是预防疾病、降低成本、提高成活率和经济效益的最有效措施之一。

15. 种蛋如何消毒？

从鹅舍内采集的种蛋，应尽快送往种蛋库进行消毒。通常用福尔马林和高锰酸钾熏蒸消毒。每立方米空间用高锰酸钾15克，福尔马林 30 毫升，熏蒸 20～30 分钟。要求消毒的空间密闭，温度 25～27℃，相对湿度 75%～80%，消毒效果最好。使用福尔马林、高锰酸钾熏蒸消毒时，应注意下列几点：

(1) 上述消毒方法对 24～96 小时胚龄的胚胎有不利影响，消毒时应注意避开。

(2) 上述药物有很大的腐蚀性，化学反应剧烈，应该用陶瓷或玻璃容器盛放，先加少量温水，后加高锰酸钾，再加入福尔马林。

(3) 种蛋从蛋库或从鹅舍送至消毒室后，因冷热的变化，使蛋壳上凝有水珠，此时熏蒸对胚胎不利，将蛋放置一定时间，晾干后，再进行消毒。

(4) 熏蒸消毒时要关闭门窗及进出气孔，消毒后迅速打开，尽量放净有害气体。

除使用福尔马林、高锰酸钾熏蒸外，种蛋的消毒还可采用：

(1) 氯消毒法 将种蛋浸入含有活性氯 1.5% 的漂白粉溶液中 3 分钟，这项工作应该在通风处进行。

(2) 新洁尔灭消毒法 将 5% 的新洁尔灭溶液加水 50 倍即成 0.1% 的溶液，用喷雾器喷洒在种蛋表面即可。但忌与肥皂、碘、碱、升汞和高锰酸钾等配用。

(3) 碘溶液消毒法 取碘片 10 片，溶于 15 克碘化钾中，再溶于 1 000 毫升水中，再加入 9 000 毫升水，即成 0.1% 的碘溶液，将种蛋浸入 1 分钟，取出沥干。

(4) 百毒杀喷雾消毒法 百毒杀是含有溴离子的双链季铵盐，对细菌、病毒、霉菌等均有消毒作用，没有腐蚀性和毒性。可用于孵化器与种蛋的消毒，在每 10 升水中加入 50% 的百毒杀 3 毫升，喷雾或浸泡消毒。

(5) 紫外线照射消毒法 用紫外线灯，离种蛋高度 40 厘米处照射 1 分钟，再在蛋背面照一次。

16. 如何确保免疫成功？

(1) 制订合理的免疫程序 在制订免疫程序时要考虑疾病对鹅的

日龄敏感性、疾病的流行季节、鹅品种或品系之间差异、母源抗体的影响、其他人为的因素、社会因素、地理环境和气候条件的影响等，以制订出适合本场的免疫程序。

(2) 定期抽检抗体效价 定期抽检鹅群血清抗体，掌握鹅群免疫水平。当发现鹅达不到保护水平时，及时补苗加强免疫。

(3) 把好疫苗质量关 防疫时要选择由农业部批准的定点正规公司生产的合格疫苗。杜绝使用假冒生产的疫苗，其疫苗真空度、效价都很差，质量低劣，达不到免疫效果。

(4) 搞好疫苗的运输与保管 小鹅瘟冻干疫苗，自生产之日起在-15℃的条件下可保存 2 年，在 10～15℃的条件下只能保存 3 个月。因此，在疫苗运输、保管中要确保低温，防止疫苗包装标签虽然在有效期内，但效价明显降低，甚至失效。

(5) 注意接种方法及环境对免疫效果的影响 如新城疫Ⅳ系弱毒疫苗用凉开水或洁净中性井水稀释后点眼、滴鼻或饮水。饮水免疫时疫苗剂量应加倍，饮用疫苗前应停水 4 小时左右，严禁用含氯离子的自来水，疫苗稀释后要在 1 小时内用完。避免阳光直接照射疫苗，否则影响免疫效果。

(6) 避免消毒药对疫苗的影响 在养鹅生产中每周都用消毒药对鹅舍、用具进行消毒和洗刷，还有的养鹅户用 0.05％高锰酸钾溶液饮水，用于肠道防腐消毒。小鹅瘟冻干疫苗是一种活毒疫苗，与消毒药接触就会失去活力，使疫苗失效，引起免疫失败。因此，在接种小鹅瘟冻干疫苗前、后 3 天内严禁饮用消毒药溶液，经消毒后的饮水器和食槽要用洁净清水冲洗干净。

(7) 防止抗病毒药物对活毒疫苗的影响 因抗病毒类药物在体内可抑制病毒的复制，从而严重抑制了活毒疫苗在体内的抗原活性，影响免疫抗体的产生。所以在用疫苗前后禁用抗病毒药物。

(8) 减少疫苗之间的相互干扰 两种或两种以上的疫苗不能随意混合或同时使用，以免影响应有的免疫效果，产生毒副作用，加重应激反应。

(9) 注意母源抗体影响 母源抗体是指种鹅较高水平的小鹅瘟免疫抗体等经卵黄传输给下一代雏鹅，这种天然被动免疫抗体，可保护雏鹅抵抗小鹅瘟等相对应强毒的侵袭。如雏鹅过早接种疫苗，免疫效果会受到影响。因此，应根据雏鹅的母源抗体滴度，决定雏鹅的首次免疫接种日龄。

17. 影响免疫效果的因素及免疫失败的原因是什么？

(1) 疫苗因素

①疫苗的质量：疫苗不是正规生物制品厂生产，质量不合格或已过期失效。疫苗因运输、保存不当或疫苗取出后在免疫接种前受到日光的直接照射，或取出时间过长，或疫苗稀释后未在规定时间内用完，影响疫苗的效价甚至失效。

②疫苗间的干扰作用：将两种或两种以上无交叉反应的抗原同时接种时，机体对其中一种或几种抗原的抗体应答显著降低，从而影响这些疫苗的免疫接种效果。

③疫苗稀释剂：疫苗稀释液温度太高，杀死了部分活苗，影响了免疫效果；疫苗稀释剂未经消毒或受到污染而将杂质带进疫苗，有时随疫苗提供的稀释剂存在质量问题；进行饮水免疫时，由于饮水器未消毒、清洗，或饮水器中含消毒药等都会造成免疫不理想或免疫失败。

(2) 母源抗体干扰 由于种鹅个体免疫应答差异，以及不同批次的雏鹅群不一定来自同一种鹅群等原因，造成雏鹅母源抗体水平参差不齐。如果对所有雏鹅固定同一日龄进行接种，若母源抗体过高的反而干扰了后天免疫，不产生应有的免疫应答。即使同一鹅群，不同个体之间母源抗体的滴度也不一致，母源抗体干扰疫苗在体内的复制，从而影响疫苗的效果。

(3) 免疫抑制性疾病 鹅圆环病毒、网状内皮组织增殖病病毒、传染性法氏囊病病毒等能损害鹅的免疫器官如法氏囊、胸腺、脾脏、哈德氏腺、肠道淋巴样组织等，从而导致免疫抑制。此外，在鹅群发病期间，鹅体的抵抗力与免疫力均较差，如此时接种疫苗，免疫效果很差，极易导致免疫失败，还可能发生严重的副反应，甚至引起死亡。

(4) 野毒的早期感染 鹅接种疫苗后需要一定时间才能产生免疫力，而这段时间恰恰是一个潜在的危险期，一旦有野毒的入侵或机体尚未完全产生抗体之前感染强毒，就会导致疾病的发生，造成免疫失败。

(5) 病毒毒力增强 小鹅瘟病毒在机体内大量复制、循环，使毒力增强，即使鹅群对小鹅瘟有一定的免疫力也仍然发病，鹅群如果暴露于强病毒包围环境中，感染率是极高的，免疫鹅群感染和发病也是极其可能的。作为群体免疫应答这一生物学系统，即使是频繁接种各种小鹅瘟疫苗，也不可能产生100%的保护率，因为群体中每个个体的免疫应答水平是不同的。当强毒株感染鹅群后，少数免疫不良者或免疫不确实的鹅，很可能出现非典型的症状。

(6) 鹅群机体状况

①遗传因素：动物机体对接种抗原产生免疫应答在一定程度上是受遗传控制的，鹅的品种繁多，免疫应答各有差异，即使同一品种不同个体的鹅，对同一疫苗的免疫反应强弱也不一致。有的鹅甚至有先天性免疫缺陷，从而导致免疫失败。

②营养状况、健康状态：营养状况、健康状态都是影响疫苗免疫效果很重要的因素。

饲料中的很多营养成分如维生素、微量元素、氨基酸等都与鹅的免疫功能有关，这些营养成分过低或缺乏，可导致鹅的免疫功能下降，从而使接种的疫苗达不到应有的免疫效果。如维生素与微量元素的缺乏，会导致淋巴器官的萎缩，影响淋巴细胞的分化、增殖、受体表达与活化，从而使体内T淋巴细胞、自然杀伤细胞数量下降，吞噬细胞吞噬能力降低，B淋巴细胞产生抗体的能力下降等。

③应激因素：动物机体的免疫功能在一定程度上受到神经、体液和内分泌的调节，在环境过冷、过热、湿度过大、通风不良、拥挤、饲料突然改变、运输、转群等应激因素的影响下，机体肾上腺皮质激素分泌增加。肾上腺皮质激素能显著损伤淋巴细胞，对巨噬细胞也有抑制作用。所以，当鹅群处于应激反应敏感期时接种疫苗，就会减弱鹅的免疫能力。

（7）**化学物质的影响**　许多重金属如铅、镉、汞、砷等均可抑制免疫应答而导致免疫失败，某些化学物质如卤化苯、卤素、农药等可引起鹅免疫系统组织的部分甚至全部萎缩以及活性细胞的破坏，进而引起免疫失败。

（8）**主观因素**

①技术操作不过关：主要有以下几个方面。

疫苗选择不当：雏鹅用小鹅瘟疫苗仅用于雏鹅防疫，若用于成年鹅效果将大受影响；若将成年鹅用小鹅瘟疫苗用于雏鹅会导致雏鹅暴发小鹅瘟。预防鹅新城疫可选用鸡新城疫弱毒活疫苗如Ⅳ系疫苗进行基础免疫，若选择中等偏强毒力的新城疫Ⅰ系疫苗注射，可能不仅起不到免疫的作用，相反会造成病毒扩散或导致鹅发病。

接种途径：小鹅瘟冻干苗要求的接种途径是肌内或皮下注射，有些鹅场图方便省事改用饮水，自然达不到免疫效果。

超量免疫：有些地方养殖户担心免疫力保护不够，避免发病，从而大剂量或反复频繁使用疫苗，殊不知免疫时疫苗所用剂量过大或频繁使用，反而造成免疫麻痹，导致机体免疫系统应答失灵，容易引起发病。

免疫方法不当：滴鼻、滴眼免疫时，疫苗未能进入眼内、鼻腔，注射免疫时，出现"飞针"，疫苗根本没有注射进去或注入的疫苗从注射孔流出，造成疫苗注射量不足并导致疫苗污染环境。饮水免疫时，免疫前未限水或饮水器内加水量太多，使配制的疫苗未能在规定时间内饮完而影响剂量。

免疫时间：选择恰当的免疫时间，鹅体对抗原的敏感程度呈24小时周期性变化，一天中不同时间内免疫效果稍有差异。清晨鹅体内因肾上腺素分泌较其他时间少，对抗原的刺激最敏感，此时进行疫苗的接种，效果最好。

免疫程序：有些养殖户不了解种鹅免疫情况，也不进行母源抗体检测，认为越早使用疫苗免疫越好，殊不知首免日龄过早，若雏鹅有母源抗体，则造成疫苗与母源抗体中和，抗体水平反而低下来了，此时若有野毒侵袭，则可感染发病；免疫滞后也容易出问题，若首免日龄推迟太晚，母源抗体已消失，已形成免疫空档，野毒侵袭也易感染发病；有些养殖户不按一定免疫程序，而是多次频繁用疫苗，这样会造成前次免疫产生的抗体与下次疫苗中和，引起机体内的抗体水平始终不高而不足以抵抗强毒感染。

②忽视局部免疫作用：新城疫病毒免疫主要分为两部分，即血液系统和呼吸系统。只有两个系统都产生足够的免疫力，才能有效地阻止新城疫的发生。血清循环抗体与鹅的抗感染并不完全一致，带有高滴度新城疫抗体的鹅对新城疫病毒仍有一定的易感性，若不做好鹅的呼吸道免疫，野毒仍可在其上呼吸道繁殖并致病。

③药物的滥用：许多药物如卡那霉素等对淋巴细胞的增殖有一定抑制作用，能影响疫苗的免疫应答反应。有的鹅场为防病而在免疫接种期间使用抗菌药物或药物性饲料添加剂，从而导致机体免疫细胞的减少，以致影响机体的免疫应答反应，或在进行免疫前后和稀释疫苗时，乱用抗菌药物，如稀释活菌疫苗时加入青霉素、链霉素，可影响疫苗的活性。磺胺类药物会使鹅的免疫器官受到抑制。

④思想观念有问题：多数养殖户乃至技术人员对疫苗在控制传染病中的作用缺乏正确认识，错误地认为用了疫苗就不会发病而放松或忽略了严格消毒隔离和其他防疫措施，如免疫接种时不按要求消毒注射器、针头、刺种针及饮水器等，使免疫接种成了带毒传播，反而引发疫病流行。

⑤饲养管理不当：消毒卫生制度不健全，鹅舍及周围环境中存在大量的病原微生物，在用疫苗期间鹅群已受到病毒或细菌的感染，这些都会影响疫苗的效果，导致免疫失败。饲喂霉变的饲料或垫料发霉，其霉菌毒素能使胸腺、法氏囊萎缩，毒害巨噬细胞而使其不能吞噬病原微生物，从而引起严重的免疫抑制。平时应加强对鹅群的管理，鹅舍内要保持安静、适宜的温湿度和良好的空气质量。鹅群密度要适宜，光照强度和时间要适当，饮水要清洁卫生、供应充足。定期对用具和鹅舍进行消毒和带鹅消毒。各项操作要轻，尽力减少各种应激因素。努力给鹅群创造一个稳定、安全、舒适、清洁的生活和生产环境。这样在进行鹅群免疫时，鹅体就会在神经、体液、内分泌的调节下，对疫苗产生良好的反应。

⑥管理制度不合理：人员防疫管理制度、兽医技术岗位责任制、种蛋孵化防疫制度、病死鹅的处理方法等不合理。

18. 鹅场流行病学调查包括哪些内容？

为了及时准确地诊断疾病和对鹅场流行病学资料建立档案，往往需要对下列某些方面进行详细的调查和了解。

养鹅场的历史，饲养鹅的种类，饲养量和上市量，核算方式和经济效益，工作人员文化程度和来源等。

鹅场的地理位置和周围环境，是否靠近居民点或交通要道？是否易受台风、冷空气和热应激的影响？地下水位高低或排水系统如何？是否容易积水等？

鹅场内棚舍等的布局是否合理？尤其应注意青年鹅舍、育雏区、种鹅区、孵化房、对外服务部的位置、鹅舍的长度、跨度、高度，所用材料及建筑结构，开放式或密闭式，如何通风保温和降温，舍内的氨气及其他卫生状况如何？不同季节舍内的温度、湿度如何？采用何种照明方式？如何调节？是否有运动场等？

是平养或笼养，如平养则垫料如何，是否潮湿？采用哪种送料方式和哪种食槽，如何供水？哪一类的饮水器？粪便垫料如何处理等？

饲料方面是自配或从饲料厂购进，其质量和信誉如何？是粉料、谷粒料或颗粒饲料，是干喂还是湿喂？是自由采食或定时供应，是否有限饲？饲料是否有霉变结块等？

饮水的来源和卫生标准，水源是否充足？是否有缺水或断水现象？

育雏舍的形式，采用保温设施，是地下保温还是地上保温，热源是电、煤气、煤、柴或炭？种苗来源，运输过程是否有失误？何时开始提供饮水？何时开食？

鹅群逐日生产记录，包括饮水量、食料量、死亡数或淘汰数，1月龄的育成率、成活率、平均体重、肉料比；种鹅或后备种鹅的育成率、体重、均匀度及与标准曲线的比较；母鹅开产周龄，产蛋率、蛋重及与标准曲线的比较。

种蛋产蛋箱的数量、位置、卫生状况、集蛋方法及次数，包装和运输情况，种蛋的保存温度、湿度，是否进行了消毒？种蛋的大小、形状、蛋壳颜色、光泽、光滑度，有无畸形蛋，蛋白、蛋黄、气室等是否有异常等。

孵化房的位置、结构、温度和湿度是否恒定？受外界的影响程度，孵化机的种类、结构、孵化记录，入孵蛋及受精蛋的孵化率，受精率，啄壳和出壳的时间，完成出壳时间，1日龄雏鸭的合格率等。

养鹅场的鹅病史，过去曾发生过什么疾病？由何部门作过何种诊断，采用过何种防治措施，效果如何？

本次发病鹅的种类，群（栏舍）数，主要症状及病理变化。作过何种诊断和治疗，效果如何？是否可能有经饲料或饮水的中毒？

免疫接种情况，按计划应接种的疫苗种类，接种时间及实际完成情况，免疫程序是否合理，是否有漏接，疫苗的来源、厂家、批号，有效期及外观质量如何？疫苗的转运过程、保存条件等是否有差错？如运输过程中温度过高，保存过程反复停电或长时间停电等。疫苗种类的选择是否合适？疫苗稀释量、稀释液种类及稀释方法是否正确？稀释后在多长时间内用完，疫苗接种的途径、滴眼滴鼻、饮水、气雾还是注射？是否有漏接错接的可能？免疫接种效果如何？是否进行过何种检测？是否有可能免疫失效？如有可能，则原因何在？

药物使用情况，饲料中添加过何种抗球虫药或抗菌药物，本场曾使用过何种药物，剂量和使用时间如何？逐只投药或群体投药，经饮水、饲料或注射给药？过去是否曾使用过类似的药物，过去使用该种类的药物时，鹅群是否有不正常的现象？

鹅群是否有放牧？牧地的卫生状况，是否施洒过农药等？

鹅场和鹅群近期内是否还有其他与疾病有关的异常情况？

19. 鹅病临床观察哪些方面？

在进行鹅群检查时，主要是肉眼观察和个体检查，注意有无如下各种异常：

（1）观察鹅群的营养状况、发育程度、体质强弱、大小均匀度，鹅瘤的颜色是呈鲜红或紫蓝、苍白？羽毛颜色和光泽，是否丰满整洁？是否有过多的羽毛断折和脱落？肛门附近羽毛是否有粪污等？

（2）鹅群精神状况是否正常？在添加饲料时是否拥挤向前争抢采食饲料，或只啄不食，或根本不啄食。在有人进入鹅舍走动或有异常声响时鹅是否普遍有受惊扰的反应？是否有震颤，头颈扭曲，盲目前冲或后退，转圈运动，或高度兴奋不停地走动？是否有跛行或麻痹、瘫痪？是否有精神沉郁、闭目、低头、垂翼，离群呆立，喜卧不愿走动，昏睡等病理现象？

（3）是否流鼻液？鼻液性质如何？是否有眼睑水肿，上下眼睑粘连，眼睑下有无干酪样物？脸部有无水肿？浅频呼吸，深稀呼吸，临终呼吸，有无异常呼吸音、张口伸颈呼吸并发出怪叫声？张口呼吸而且两翼展开？口角有无黏液、血液或过多饲料黏着，有无咳嗽？打开口腔，应注意口腔黏膜的颜色，有无发疹、脓疱、假膜、溃疡、异物、口腔和腭裂中是否有过多的黏液？黏液中是否混有血液？一手扒开口腔，另一手用手指将喉头向上顶托，可见到喉头和气管，注意喉气管有无明显的充血、出血，喉头周围是否有干酪样物附着等？

（4）食料量和饮水量如何？嗉囊是否异常饱胀？排粪动作过频或困难，粪便是否为圆条状、稀软成堆，或呈水样，粪便是否有饲料颗粒、黏液、血液、颜色为灰褐、硫黄色、棕褐色、灰白色、黄绿色或红色，是否有异常恶臭味？

（5）发病数、死亡数，死亡时间分布，病程长短，从发病到死亡的时间为几天几小时或毫无前兆症状而突然死亡等。

20. 病理剖检操作顺序及注意观察的项目是哪些？

先用消毒药水将羽毛擦湿，将腹壁连接两侧腿部的皮肤剪开，用力将两大腿向外翻转，直至股关节脱臼，尸体即平稳地放在搪瓷盘上。用剪刀分别沿上述腹部两侧的切线向前剪至胸部，另在泄殖孔腹侧作一横的切线，使与腹侧切线相接，用手在泄殖孔腹侧切口处将皮肤拉起，向上向前拉使胸腹部皮肤与肌肉完全分裂。此时，可检查皮下是否有出血，胸部肌肉的黏稠度、颜色，是否有出血点或灰白色坏死点等。

在泄殖腔腹侧将腹壁横向剪开，再沿肋软骨交接处向前剪，然后一只手压住鹅腿，另一只手握龙骨后缘向上拉，使整个胸骨向前翻转，露出胸腔和腹腔，此时应先看气囊、气囊内浆液膜，正常为一透明的薄层，注意有无混浊、增厚或被覆渗出物等，其次注意胸腔内的液体是否增多，器官表面是否有胶冻状或干酪样渗出物等。

继而剪开心包囊，注意心包囊是否混浊或有纤维性渗出物黏附，心包液是否增多，心包囊与心外膜是否粘连等，然后顺次将心脏和肝摘出，再将腺胃和肌胃、胰、脾及肠管一起摘出并逐一检查。再回头检查肺和肾脏是否正常。

继而用剪刀将下颌骨剪开并向下剪开食道和嗉囊，另将喉头气管剪开和检查。

最后剖开头皮，取出颅顶骨，小心摘下大脑和小脑检查。

21. 消毒、免疫、兽用化学药品如何协同应用?

第一：在目前国内的养殖条件下，消毒防疫与疫苗、兽用化学药品具有同等重要的地位。

第二：忽视疫苗、兽用化学药品与消毒防疫之间的内在平衡，过分强调疫苗和兽用化学药品的使用，可能会出现不良后果。

(1) 过分强调疫苗作用的后果

①疫苗应激反应：疫苗应激反应是指在疫苗接种过程中，机体在产生免疫应答的同时，机体本身也受到一定程度的损伤。此外，疫苗的使用方法不当等也可给机体造成较为严重的应激反应。

②疫苗的散毒：我国是畜牧业大国，畜禽饲养密度大，许多养殖场的条件很难达到保证生物安全的严格要求。因此，使用疫苗进行免疫接种，已成为防疫的最主要手段。疫苗若使用不当就会对畜禽生产和人类的生命安全造成严重的危害，成为比"常规武器"还难以防范的"生物武器"。

③多种病原（如免疫抑制性病毒）对机体免疫系统的损伤：免疫抑制性疾病是当前困扰养禽业的一类重要传染病，由于免疫抑制状态的存在，机体对抗原的应答能力下降，极易导致疫苗免疫失败，以及

并发和继发其他传染病和寄生虫病，如非典型新城疫、大肠杆菌病、支原体病、球虫病等。

（2）过分强调兽用化学药品作用的后果

①细菌耐药性产生：在饲料中添加抗菌剂，实际上等于给畜禽持续低剂量口服用药，动物机体胃肠道长期与药物接触，造成肠道耐药菌不断增多，耐药性也不断增强。

有些细菌是人畜共患病病原菌，一旦在动物机体产生了耐药性，此类细菌再感染人时，抗生素治疗效果会大大降低，甚至失败。

②兽用化学药品的残留：出于食品安全的考虑，每个国家对药残检测标准日益标准化、严格化，这已经成为一种国际发展趋势。例如，日本"肯定列表制度"正是在这一背景下出台的。

③停药后发病引起死亡率上升：微生物的繁殖速度是很快的，停药后，最多只需要 5 天，它们的数量即可恢复到原来的水平。这时它们对兽用化学药品的耐受能力比以前有了极大提高，原来有效的一些药物效果易减弱或丧失。试验表明：兽用化学药品使用剂量越大，抗药性的增高就越明显。

（3）消毒防疫在增强疫苗和兽用化学药品的使用效果并减少其负效应方面具有重要作用

①减轻疫苗应激反应：鹅舍卫生条件和空舍时间的长短与疫苗的应激反应之间存在重要联系：鹅舍消毒不彻底，空舍时间达不到标准要求，病原微生物会大量孳生，可在机体的消化道、呼吸道、生殖道上生长繁殖，潜伏感染。一旦受到应激，特别是免疫活苗后，鹅群就易发生严重的疫苗反应，引发呼吸道炎症、腹泻、产蛋下降、死淘增加等问题。加强消毒防疫工作不但不会对疫苗免疫产生负面影响，反而可以有效消除疫苗的应激反应，减少免疫后出现的呼吸道症状和死淘增加等问题。

②有效防止疫苗的散毒：通过选用适宜的消毒剂，进行正确的消毒防疫工作，可以有效阻止免疫结束后疫苗毒或野外强毒对未免疫鹅的侵害。

③辅助疫苗产生良好免疫：疫苗接种前后使用消毒剂，可有效避免免疫间隙带来的损失。疫苗免疫后并不能马上发挥保护作用，需要

机体对外来抗原作出免疫应答并产生抗体后才可以发挥作用。合理使用消毒剂可以在免疫空白时期有效保护鹅群的健康，减少多种病原对机体免疫系统的损伤，提高免疫效果。

④有效降低病原菌的耐药性：合理有效地使用消毒剂，可以有效降低鹅舍环境内的病原菌数量，可以降低兽用化学药品的使用频率及使用量，从而减少病原菌对兽用化学药品产生耐药性的可能，提高兽用化学药品的使用效果，降低使用成本。

⑤减少兽用化学药品残留对食品安全的威胁：合理有效地使用消毒剂，可以有效降低动物源性食品中药残的含量，提高食品的安全性，降低出口食品药残超标的风险、产品检测方面的费用支出及缩短通关时间，从而有效降低出口成本，增强产品国际市场竞争力。

（4）正确做好生物安全工作

①防重于治。只有认真做好生物安全，才能做到"少得病甚至不得病"，降低养殖成本并将损失降至最低。

②正确认识疫苗、兽用化学药品与消毒防疫之间的相互协同作用。

③改变过去只关心表面成本，不计算使用成本的观念。

④工作重心由过去的使用兽用化学药品治疗生病动物，转变到注重环境卫生，通过疫苗接种和消毒来保护健康动物。

22. 如何建立检疫监测系统？

（1）要使禽病诊断技术达到系统化、标准化，特别是快速、准确的诊断十分重要。

（2）定期或不定期地测定舍内空气、器具表面病原菌的种类与数量以及饮水的细菌总数等卫生指标。

（3）做好流行病学监测：通过定期对鹅群中抗体效价的变化规律的监测，确定适宜的免疫接种时间，减少盲目性，更有效地预防疾病。例如，对新城疫、小鹅瘟、禽流感的抗体监测，是非常成功的一项流行病学监测手段。

对饲料进行监测，在预防禽病中也是重要的一环，饲料中有些有害物质，如黄曲霉毒素、劣质的鱼粉、添加的食盐和药物是否超量等，检出后少用或不用，或经处理后再用，可以减少中毒病的发生。饲料监测更重要的是检查其中营养成分是否合理，如钙磷比例是否适当，蛋白质、氨基酸和能量等物质是否适当，特别是维生素和微量元素是否正常，及时调整配方，可以减少营养代谢病的发生。

（4）对鹅群要定期实行免疫监测：主要是指对危害较严重的新城疫、小鹅瘟、禽流感等传染病，在免疫接种后的一定时间内，监测血清中抗体水平，检验各次疫苗免疫效果，确定最适免疫时机。如遇鹅群免疫后抗体水平达不到要求时，应及时寻找原因加以解决，必要时应对鹅群补充免疫接种，保证鹅群免疫力。

（5）注意新发生疫病的动向和特点，及时诊断，尽快采取针对性的有效防疫措施。

（6）定期检测病原菌对抗生素的敏感性，减少无效药物的使用，节约经济开支。

二、鹅的细菌性和真菌性疾病

23. 养鹅生产中常见的细菌性和真菌性传染病有哪些？

目前，在生产上常见的鹅的细菌性传染病主要有以下几种：禽霍乱、卵黄性腹膜炎、鹅副伤寒、小鹅流行性感冒、曲霉菌病、鹅口疮等。较少见的有鹅坏死性肠炎、鹅链球菌病、鹅肉毒中毒、鹅结核病、鹅伪结核病、鹅渗出性败血症、鹅葡萄球菌病、鹅弯曲杆菌病、鹅支原体感染、鹅衣原体病等。

24. 侵害鹅呼吸道、消化道的主要细菌性传染病有哪几种？

在上述细菌病与真菌病中侵害鹅呼吸道的主要有小鹅流行性感冒、曲霉菌病、鹅结核病、鹅伪结核病、鹅支原体感染。

这几种病在流行病学方面有所差别，小鹅流行性感冒常发生于15日龄后的雏鹅，其他禽类都不感染；曲霉菌病可以感染各种禽类，幼鹅极易感染，常呈急性暴发，成年鹅个别发病；鹅结核病属于慢性病，多发生于种鹅。

侵害鹅的消化道病主要有禽霍乱、鹅副伤寒、鹅口疮、鹅坏死性肠炎、鹅肉毒中毒等。

25. 以侵害产蛋鹅生殖系统为特征的主要细菌性传染病有哪几种？

以侵害产蛋鹅生殖系统为主要特征的疾病是大肠杆菌引起的卵黄

性腹膜炎，又叫鹅蛋子瘟。另外，禽霍乱等疾病也会对产蛋鹅生殖系统造成一定的伤害。

26. 与病毒性传染病相比，鹅的细菌性传染病的发生、流行以及防治方面有什么特点？

总体而言，从流行病学角度来看，鹅的细菌性传染病的发生或流行，与病毒性传染病有着相似之处。譬如传播方式，经消化道、呼吸道都能感染致病性细菌或病毒；特定日龄的鹅群对某些致病菌更为易感；某一季节有些细菌性传染病多发，甚至流行；不同的饲养方式以及不同的饲养环境下所发生的疾病症状和病理变化也有所差异，等等。然而，这两类疾病的防治（制）方法和措施上还是有一些差异，对细菌性传染病而言，常见的抗菌药物的使用有着比较理想的防治效果，在饲料或饮水中添加后可作为常规预防，对发病鹅群口服或注射能够获得很好的治疗效果。而所有的抗菌药物对病毒性传染病也就只能起到辅助性的预防和治疗作用，并不能根治。

27. 禽霍乱是一种什么病？多大日龄的鹅容易发生禽霍乱？

禽霍乱又叫禽出败，俗称"摇头瘟"，是由禽多杀性巴氏杆菌引起的鹅、鸭、鸡等家禽和野禽的一种急性败血性及组织器官的出血性炎症为特征的传染病。该病广泛流行于世界各地，急性发作时的病死率可达90%以上，对养禽业的危害比较严重。

应该说鸡对禽霍乱最为易感，鸭、鹅次之。但是，从20世纪80年代以来，我国特别是在南方地区，水禽主要是鹅和鸭的禽霍乱病例明显多于鸡，这主要是由于饲养方式和饲养环境的改变所引起。而且，鹅群发病的日龄也有了很大变化。以前，进入性成熟期和产蛋期的鹅更为易感，幼龄的鹅通常并不易感或者仅仅感染但不发病；然而后来雏鹅、中鹅都出现感染并发病，而且也表现出较为严重的临床症状和病理变化。从2周龄的雏鹅到5周龄的仔鹅，都有不少的病例报告。因此，现在可以这么说，各个日龄段的鹅都可能发生禽霍乱，只是产蛋鹅的表现最为严重。

28. 禽霍乱的病原有哪些特征？

禽多杀性巴氏杆菌为革兰氏阴性的短小杆菌；通常分散地单独存在，偶尔成对或成链状、丝状；没有芽孢和鞭毛，不能运动；美蓝或瑞氏染色后，显微镜下可见明显的、具有特征意义的两极染色，但是由人工培养基培养后，此现象逐渐消失；在组织、血液中以及新鲜分离的菌株经革兰氏染色后，显微镜下可见明显的荚膜，但是由人工培养基培养后，荚膜会逐渐消失。

禽多杀性巴氏杆菌在含有血清和血红素的培养基中生长良好，在琼脂平板上呈灰白色、露珠样的菌落。在 45°斜射光线下，用解剖显微镜检查培养 18～24 小时的菌落形态是最具有诊断价值或特征的直观方法。光滑型、彩虹型一般属于高致病力毒株，而粗糙型、蓝色型多属于低致病力毒株。

多杀性巴氏杆菌的血清学分型是根据对其特异性荚膜和菌体抗原的检测鉴定来进行的。目前，已知禽多杀性巴氏杆菌属于 A、B、D、F 四个荚膜血清群，而在我国通过调查发现，在家禽病例中大多数的致病菌株属于 5∶A 型。

禽多杀性巴氏杆菌对理化因子的抵抗力较弱，极易被常用的消毒剂、日光、干燥和高温灭活，如 56℃ 15 分钟即可杀死该菌。但在血液、分泌物及排泄物中能存活 1 周以上，在尸体内则可存活 3 个月。

禽多杀性巴氏杆菌对大多数的抗生素及磺胺类药物比较敏感，选择治疗用的药物相对容易，但必须注意的是，近年来国内有关其耐药菌株的报道正在逐渐增多。

29. 禽霍乱的流行特点是什么？禽霍乱的传染源有哪些？该病是如何传播的？

该病一年四季均可发生，但以阴雨潮湿、高温季节或秋后多发。其发病率和死亡率均较高，危害较大。鸡、鸭、鹅等各种家禽及野禽都可感染并发病，而且相互之间可以传播，所以给防治工作带来不少困难。

该病病原为禽多杀性巴氏杆菌，主要传染来源是带菌的家禽及病禽排泄的粪便、分泌物，污染了致病菌的环境、饲料、饮水、用具等。该病主要通过家禽的消化道、呼吸道或伤口引起感染。而且，病原传播速度比较快，一旦鹅群有因最急性禽霍乱死亡病例后，如果饲养管理和卫生条件差，往往也就在1～2天时间内即可能出现全群发病直至暴发流行。

30. 鹅的禽霍乱通常有哪些临床症状？

禽霍乱在临床表现上主要有三种类型。

（1）最急性型 常发生于该病暴发的最初阶段，往往鹅群在头天晚上采食和饮水都很正常，而在第二天早晨突然发现有一定数量的死亡。由于这种最急性型病例往往是鹅群暴发流行禽霍乱的先兆，所以必须引起高度重视。虽然有时也会发生部分鹅表现不安，但多数情况下见不到鹅有任何症状或其他异常表现，只是两翅扑动几下后很快死亡。

（2）急性型 此型在生产上最为常见。病鹅精神不振，两翅下垂，缩脖或将头插入翅膀内卧地，常常是离群独居；不愿下水，如强行驱赶下水，则行动迟缓，掉队于大群；食欲减退甚至废绝，而饮水增加；体温可升高到41.5～43.0℃；口鼻往外流黏液，呼吸困难，病鹅总是试图甩掉积在咽喉部的黏液，不断地摇头，所以也就称之为"摇头瘟"；排灰白或铜绿色恶臭稀粪，并可能混有血液。发病鹅一般在2～3天内死亡，较少能够康复。

（3）慢性型 本病多见于流行的后期，由急性转为慢性。但近年来也有从一开始就表现为慢性型的。病鹅持续性腹泻；呼吸困难，鼻流黏液；贫血、消瘦；关节肿大，行走不便；增长缓慢。病程可达数周甚至几个月。

31. 禽霍乱的病理剖检变化有哪些？

典型禽霍乱的剖检可见病变具有显著特征性，主要有三处：心冠脂肪泼水样出血;十二指肠弥漫性出血;肝脏有白色、针尖大小坏死灶。

(1) 最急性型 一般见不到明显的肉眼病理变化,偶尔可见皮下出血和心冠脂肪出血。

(2) 急性型 可见皮下、腹部脂肪点状出血;心外膜、心冠脂肪严重出血(图1),心包液增多,呈淡黄色;肝脏肿大,质脆,呈古铜色,表面有许多白色、针尖大小的坏死点;十二指肠出血性或急性卡他性炎症;肺脏充血或呈出血性肺炎实变。另外,肠道弥漫性出血、呼吸道黏膜出血、肺气肿、气囊炎等也可能出现。

(3) 慢性型 一般表现为局部病变。心包炎;肝周炎,灰白色坏死灶;气囊炎;产蛋鹅可见卵黄性腹膜炎;卵泡变性,似半煮熟样(图2);关节炎,关节肿胀、关节腔内有暗红色混浊黏稠液体或呈干酪样物质。

图1 禽霍乱:肝脏坏死点,
　　　心冠脂肪出血

图2 禽霍乱:卵泡变性,
　　　似半煮熟样

32. 怎样诊断鹅的禽霍乱?如何加强饲养管理来杜绝或减轻本病的发生?

总的来说,对鹅的禽霍乱临床诊断并不很难,根据临床症状和特征性病理变化,采用病死鹅的肝脏、脾脏以及心血等制成触片,进行美蓝、瑞氏或姬姆萨等染色,显微镜下观察若发现两极着色的卵圆形小杆菌,即可做出初步诊断。如确诊需再进行细菌分离培养和生化试验,还可以应用一些快速血清学诊断方法。

预防鹅的禽霍乱发生与流行的关键在于良好的饲养管理和环境卫生条件,保证饲料营养全面,保持鹅舍卫生清洁,对鹅舍内外应定期进行严格的卫生消毒。拒绝外来人员和车辆，特别是来自可疑疫区的进入鹅场。在鹅场及周围一定区域内，禁止同时饲养鸡、鸭、火鸡及观赏鸟类等，避免相互间传播，这一点相当重要。平时要注意防止应激因素对鹅群造成的不利影响，如气候剧变、更换饲料不当、饲养密度过大等。及早发现病情，一旦怀疑鹅群发生禽霍乱，应赶快确诊，对病死鹅深埋或火焚。确定疫点后，要立即做好严格隔离工作，防止继续扩散。对发病鹅舍及其周围环境进行彻底消毒，以杀灭或尽可能减少病鹅和死鹅排到体外的病原体。

在我国南方一些水网密集地区，有的小型养鹅户采用"赶场"，也就是将已经出现禽霍乱发病苗头的鹅群，立即更换到一个新的有水源的地方，以阻止疾病的发生和发展。这种做法有一定的效果，但并不值得提倡，因为往往随着病原菌的扩散而造成疫点的转移和增大，而且迁移鹅群本身也是有应激影响的，可能会使病情加重而得不偿失。

$33.$　如何进行鹅的禽霍乱免疫？

在该病的常发地区或鹅场，使用禽霍乱弱毒菌苗和灭活菌苗对鹅群进行免疫接种可预防禽霍乱的发生。

江苏省家禽科学研究所20世纪80年代研制的"1010"禽霍乱弱毒活菌苗推广试用多年，特别是对水禽进行两次饮水免疫后，可产生坚强的免疫力，保护期达8个月以上，而且使用十分方便，无任何副作用。但该菌苗的使用量较大，保存和运输比较困难。山东绿都生物科技有限公司研发并正式投入生产的禽霍乱蜂胶灭活苗，注射接种7天后即可产生较强的免疫力，保护期为6个月以上，而且该苗克服了以前禽霍乱菌苗的某些缺陷，目前正在全国大面积推广使用。国内多个公司或厂家还生产禽霍乱油乳剂灭活苗，可应用于鹅群的预防接种，也有不错的免疫效果。

另外，应用"自家苗"作常规或紧急预防接种也是一种很好的选择。具体做法是用当地或本场分离的多杀性巴氏杆菌，人工感染致鹅发病死亡；取肝脏、脾脏等病变组织制成匀浆，用灭菌生理盐水作1∶5稀释；过滤后取滤液，加入0.3%～0.4%的福尔马林，置37℃48小时，间时摇匀，充分灭活；无菌和安全检验合格后即可使用。皮下或肌肉注射，根据鹅的体重大小，剂量一般控制在 2.0~3.0 毫升。这种"自家苗"的制作还是比较简便的，具备基本条件的鹅场都可以做。

禽霍乱的免疫接种时间选择上，通常是首次免疫在鹅 4 周龄时进行，开产前作第二次免疫。如有必要，在常发的地区或鹅场可将首免时间提前 2 周并减半使用剂量，还可在产蛋期的中间作第三次免疫。需要注意的是，使用弱毒活菌苗的前后 5 天内禁止使用抗生素、磺胺类及其他有杀菌作用的药物；注射免疫时应尽量减少应激反应所带来的影响，可在饲料或饮水里添加一些抗应激剂。

34. 治疗禽霍乱常用的药物有哪些？

应该说，禽多杀性巴氏杆菌对几乎所有的抗生素和磺胺类药物都比较敏感，治疗用药的选择余地大。如传统使用的药物中卡那霉素等，对发病鹅群肌内注射每天 2 次，连用 3~4 天；土霉素或磺胺二甲基嘧啶按 0.6%~1.0% 的比例拌料，连用 3~4 天。其他药物如氟苯尼考、杆菌肽锌等都有很好的治疗效果。由于耐药菌株的不断出现，为确保治疗效果，在选择药物时尽量避免使用在本场曾经用过的药物（包括同类药物），有条件最好进行药敏试验来选择高敏感的药物。

35. 卵黄性腹膜炎是一种病吗？卵黄性腹膜炎的病原有什么 特点？

鹅的卵黄性腹膜炎又叫"鹅蛋子瘟"，是由致病性大肠杆菌引起的产蛋母鹅比较常见的一种细菌性传染病。严格意义上来说，卵黄性腹膜炎只是一种病症或病理变化，不仅仅是大肠杆菌，其他致病菌如沙门菌和巴氏杆菌等也可以引起。只不过是由于鹅发生大肠杆菌病时，卵黄性腹膜炎表现较为特殊，也更为严重，而通常将鹅的大肠杆菌病称之为卵黄性腹膜炎。鹅群在发病时，首先是卵巢、卵泡和输卵管感染发炎，随后进一步发展为卵黄腹膜炎。病鹅大多数死亡较快。该病通常出现在种鹅的产蛋期间，不仅死亡率较高，而且影响母鹅的产蛋率。一般在母鹅产蛋停止后该病的流行也逐渐停止。

卵黄性腹膜炎的病原为一定血清型的埃希氏大肠杆菌。该菌为条件性病原微生物，是鹅等家禽肠道的常在菌，随着粪便不断排出体外，自然环境中普遍存在，特别是卫生条件较差及饲养管理不当的鹅群，污染更为严重。大肠杆菌的血清型很多，菌体抗原就有 170 多种，对家禽而言，以 O_1、O_2、O_{78} 等型的致病作用较为明显，也最为常见。国内不同地区所分离的大肠杆菌，血清型并不完全相同，同一地区的不同鹅场有着不同的血清型，同一鹅场在不同的时间也可存在多个血清型。这种复杂性给鹅的卵黄性腹膜炎防治工作带来了挑战，所以，某地区出现流行时，有必要通过病原菌的分离和鉴定搞清楚各地区主要的流行菌株血清型。

大肠杆菌为革兰氏阴性的短杆菌，具有运动性。在普通培养基上生长良好，在麦康凯培养基上生长为圆形、隆起的白色菌落，在伊红-美蓝琼脂上多数菌落显黑色金属样闪光。

36. 鹅卵黄性腹膜炎发生与流行有什么特点？

该病常常在产蛋母鹅中流行，一般是在产蛋初期零星发生，产蛋高峰期发病最多，随着产蛋停止该病也逐渐停止。该病常造成母鹅群成批死亡，死亡率可占母鹅总数的 10% 以上。公鹅也会感染致病菌，但一般不会引起死亡，可能表现为外生殖器发炎、溃烂。在繁殖季节这些带菌的公鹅与母鹅交配时将致病菌迅速传播扩散开来，促使该病的发生和流行。另外，鹅群在浅而脏的水池、水塘里交配时，也很容易导致环境中的致病性大肠杆菌侵入生殖系统而造成感染和发病。

值得注意的是，近年来相当多的鹅卵黄性腹膜炎病例是由于有其他致病因子的混合作用或继发感染而引起。

37. 鹅卵黄性腹膜炎在临床上有哪些症状？

母鹅开产后不久，有部分母鹅精神沉郁，食欲减退，两脚紧缩，蹲伏地上，不愿活动，游水时只在水面上漂浮。由于卵巢、卵泡和输卵管感染发炎，病鹅的泄殖腔周围沾有脏物、发臭的排泄物，而且往往排泄物中混有蛋清、凝固的蛋白或卵黄小块。最终发病鹅食欲废绝、机体严重失水、皮干毛枯、眼球凹陷，直至衰竭死亡。通常病程约2～4天，长的可达1周，只有少数母鹅能自愈康复，但再也不能恢复产蛋。母鹅发病率一般接近20%，死亡率一般为10%～20%，高的可达70%。

患病公鹅症状较轻，仅在外生殖器阴茎上出现少量的红肿、溃疡或结节。部分病情严重者阴茎表面布满大小不等的增生结节或坏死灶，阴茎也无法再回到泄殖腔内，从而丧失交配能力。

38. 卵黄性腹膜炎主要有哪些剖检病变？

该病的病变主要出现在生殖系统。打开腹腔后可见其中充满黄色、腥臭的液体和卵黄，腹腔脏器的表面和肠系膜覆有一层淡黄色、凝固的纤维素性渗出物（图3），腹膜炎症较为严重，肠管相互粘连；卵泡皱缩成瓣状，卵膜薄而易破，卵黄变成灰色、褐色或酱色；输卵管扩张变薄，内有黄色的纤维素性渗出物或干酪样物（图4），黏膜发红或有出血点；子宫充血、出血、发炎；心包积液增多；肝脏、脾脏、肾脏肿大常常见到；肝周炎也有出现。

图3　卵黄性腹膜炎：腹腔内卵黄破裂，纤维素性渗出物

图4　卵黄性腹膜炎：输卵管严重发炎并形成囊肿

39. 如何对卵黄性腹膜炎进行诊断？如何与其他病进行鉴别诊断？

根据卵黄性腹膜炎在产蛋季节流行、主要侵害母鹅的特点，以及卵巢、输卵管和腹腔特征性的病变，即可做出初步诊断。如作进一步确诊，可以在病死鹅的病变部位无菌操作采取病料，画线接种于麦康凯琼脂平板上，可分离到呈典型红色菌落的大肠杆菌。应用所分离的纯培养物给健康的产蛋鹅口服接种，如能复制出与发病鹅群具有同样的临床症状和病理变化即可确诊。有条件的可应用诊断用因子血清，通过简便的凝集试验，进一步作分离菌株的血清型鉴定，为流行病学调查和防治措施制定提供可靠依据。

依照鹅卵黄性腹膜炎通常发生在繁殖季节、产蛋母鹅以及生殖系统发生病变为主的特点，可以与其他的疾病区分开来，需要注意的是与其他疾病混合感染或继发时，不能漏诊。

40. 针对鹅的卵黄性腹膜炎应采取哪些防治措施？

由于大肠杆菌为条件性病原微生物，所以加强饲养管理和搞好环境卫生，就显得尤为重要。平时要做好清洁、消毒工作，不留卫生死角；保证水源的干净等。开产前对公鹅逐只检查，将生殖器有病的公鹅及时淘汰掉，有条件的最好采用人工授精。这是预防鹅的卵黄性腹膜炎重要的、也是比较有效的手段。

在该病流行或多发地区，选择应用禽大肠杆菌多价油乳剂或蜂胶灭活苗对种鹅，包括公母鹅进行免疫接种，时间可安排在开产前2～4周。经验表明，免疫预防该病的效果还是不错的。

药物治疗的方法是使用抗生素，如土霉素、氟苯尼考、卡那霉素及各类磺胺制剂等，多黏菌素也有着较好的治疗效果。为避免耐药性的影响，确保治疗效果，有条件的，建议通过药敏试验来选择对致病菌株敏感、价格低廉、使用方便的药物。

41. 鹅副伤寒是由什么病原引起的？禽副伤寒与鸡白痢、禽伤寒之间有什么关系？

鹅副伤寒又称鹅的沙门菌病，是由沙门菌属中的鼠伤寒沙门菌、肠炎沙门菌引起鹅的急性或慢性、以下痢为主要症状的细菌性传染病，鹅和各种家禽都能感染。为了与鸡白痢、鸡伤寒的沙门菌病相区别，该病又叫禽副伤寒。

(1) 鸡白痢 是由鸡白痢沙门菌引起的，鸡、火鸡易感；鸭、雏鹅、鹌鹑、鸽、珠鸡也有自然发病的报告。各种品种的鸡对本病均有易感性，以2～3周龄以内的雏鸡发病率与死亡率为最高。其主要症状是腹泻、排稀薄如糨糊状粪便，肛门周围绒毛被粪便污染。

(2) 禽伤寒 是由鸡伤寒沙门菌引起的，主要发生于鸡，也可感染火鸡、鸭、珠鸡、鹌鹑等鸟类，但鹅不易感。成年鸡易感。主要症状是体温升高，排黄绿色稀粪。

(3) 禽副伤寒 是由鼠伤寒沙门菌、肠炎沙门菌等为主的多个血清型的沙门菌引起的，各种家禽及野禽均易感。引起禽副伤寒的沙门菌常见的有6～7种，而且其种类通常因地区和家禽品种的不同而有所差异。

前两种属于宿主适应血清型，即该血清型除对其适应的宿主致病外，很少使其他宿主发病；而鼠伤寒沙门菌是非宿主适应血清型，即其对多种宿主有致病性。禽副伤寒能感染动物、人类，在生物安全和公共卫生上有着重要意义。

42. 鹅副伤寒的病原有什么特点？其流行特点是什么？有哪些传播途径？

沙门菌为革兰氏阴性小杆菌，具有鞭毛，能运动。引起禽副伤寒的沙门菌都能产生毒素，这些毒素耐热，75℃ 1小时仍不能灭活，可使人发生食物中毒。引起鹅副伤寒的致病菌株，抵抗力通常不很强，60℃ 15分钟即失去致病作用，一般消毒药物都能很快杀死这些病菌。

该病可以引起鸡、火鸡、珠鸡、野鸡、鹌鹑、鸭、鹅、鸽、麻雀等发病，并能互相传染，也会传染给人类。

该病在自然条件下，主要侵害雏禽。雏鹅发病往往呈急性或亚急性，成年鹅则呈慢性经过或隐性感染。

该病为条件性的致病菌引起，当禽的机体抵抗力降低、环境中应激因素增强和增多时就会造成发病、流行。

该病的传染源主要是患病和病愈带菌并排菌的禽。主要传播途径是通过消化道，引起水平传播，如污染的饮水、饲料等；通过种蛋，引起垂直传播，如种蛋消毒不严、孵化环境污染等；以及带菌飞沫，经呼吸道黏膜感染。

43. 鹅副伤寒的临床症状和病理变化有哪些？

急性者多见于幼鹅，慢性者多见于成年鹅。潜伏期一般为12～18小时。急性病例常发生在孵化后数天内，往往不见症状就死亡。雏鹅1～3周龄时易感性高，发病时表现为精神不振，羽毛蓬乱，呆立，头下垂，眼闭，眼睑浮肿，两翅下垂；食欲减退或消失，口渴；喘气，有时出现严重的呼吸困难；排粥样或水样稀粪，当肛周粪污干枯后则阻塞肛门，排便困难；结膜发炎，鼻流浆液性分泌物；关节肿胀疼痛，出现跛行。

急性病例中往往无明显的病理变化。病程较长时，出现肝脏肿大，充血，呈古铜绿色（图5），表面被纤维素性渗出物覆盖，肝实质有黄白色针尖大的坏死灶；肠道有出血性炎症，其中以十二指肠较严重；脾脏肿大，伴有出血或小点坏死灶；胆囊肿胀并充满大量胆汁；心包炎，心包积液。慢性病例表现为腹腔积水、输卵管炎及卵巢炎。

图5 副伤寒：肝脏肿大，充血，呈古铜绿色

44. 如何对鹅副伤寒进行诊断和预防？

该病缺乏特征性的症状与病变，诊断相对较难。根据病史，雏鹅在育雏阶段常发生死亡，有下痢症状，但发病率、死亡率低于小鹅瘟。确诊必须进行实验室检查，分离并鉴定其病原菌。只有分离到沙门菌才能确诊。

(1) 防止蛋壳污染 要及时收捡种蛋，避免种蛋被粪便污染，凡是被污染的种蛋，不宜做种蛋孵化。

(2) 防止雏鹅感染 搞好种蛋、孵化器及孵化全过程的清洁卫生及消毒工作；接运雏鹅的箱子、车辆要严格消毒；育雏舍在进雏前，对地面、空间和垫料要彻底消毒。

(3) 加强雏鹅阶段的饲养管理 注意育雏期间的饲养管理，保持较稳定的温度、湿度，做好饲养管理用具的清洁卫生。

45. 鹅群得了副伤寒如何进行治疗？如何对该病进行免疫接种？

土霉素等大多数抗生素对该病有良好的治疗效果。用药量和投药途径，可根据病情的轻重而定。在鹅群病情较轻、食欲正常的情况下，可选用1～2种药物，按治疗量拌入饲料内喂给。如使用土霉素粉，按0.1%比例拌料，连喂4～5天。对病情较重、食欲严重减退，甚至出现死亡的鹅群，可使用抗生素针剂，对全群进行肌内注射治疗，每天一次，连用3～4天。

国内外已有沙门菌减毒活菌苗和沙门菌灭活油乳剂或蜂胶苗研发产品，可供小日龄的禽群使用，并具有较好的免疫保护效果。

46. 鹅副伤寒的病原在公共卫生方面有什么重要的意义？

家禽的副伤寒沙门菌是引起人类食品源性疾病的主要致病菌之一，在易感人群中能造成严重的后果。在世界各地人的食物源性疾病中，发病率和死亡率的 50% 以上都与之相关。因此，其公共卫生意义十分重大。为减少沙门菌污染、感染所带来的危害，必须采取切实有效的综合防护措施。

这些措施包括：检疫和净化鹅群；监测和保障无沙门菌食品的生产；灭除生物性传播媒介；彻底清洁和消毒孵化和饲养场所；对鹅群作常规的预防和及时治疗以减少其对感染的敏感性，等等。总之，严格按照提倡健康养殖和确保食品安全的策略来进行。

47. 小鹅流行性感冒是由什么病原引起的？主要特征是什么？

小鹅流行性感冒是由志贺氏杆菌引起的一种急性、渗出性败血性传染病。在大群饲养时常因本病的发生和流行，招致严重损失，发病率和死亡率可高达 90%～100%，但多数为 30%～50%。该病俗称为"仔鹅感冒"。虽然在某些地方，也有人将该病称为鹅流感，但是，该病既不同于禽流感病毒引起的鹅的禽流感，也不同于因风寒等引起鹅的普通感冒。

48. 多大的鹅易发鹅流行性感冒？什么时候鹅群容易发生小鹅流行性感冒？

志贺氏杆菌对 15 日龄的雏鹅致病性最强，成鹅次之，而对鸡、鸭等一般并不致病。

该病大多数发生在春秋雨水较多的季节。主要是由于病原菌污染了饲料和饮水，通过消化道侵袭而致病。另外，经呼吸道也能感染发病，如鹅舍内的带菌浮尘、飞沫被吸入。各种应激因素，如气候骤变、长途运输、风寒应激以及饲养管理不良等因素均可促使该病流行。自然流行的情况下，鹅群一般经 2～4 周才能停止蔓延。雏鹅死亡率极高，有时可能招致全军覆没。

49. 小鹅流行性感冒有哪些临床症状和病理变化？

该病潜伏期短，感染后几小时即可能出现症状。病鹅精神萎靡，羽毛松乱；体温升高，因怕冷常挤成一堆；食欲不振。病鹅的鼻孔中不断地流出清水样物，呼吸急促，并时有鼾声，甚至张口呼吸。有的病鹅为了尽力排出鼻腔黏液，常强力摇头，把鼻腔黏液甩出去。病重者出现下痢，腿脚麻痹，不能站立，只能蹲伏在地。病程通常在2～4天。

病鹅呼吸器官表面可见到明显的纤维性增生物；脾脏肿大，表面有粟粒状灰白色斑点；心内膜及外膜充血或出血；肝脏有脂肪样病变。

50. 如何对仔鹅感冒进行防治？

该病虽然病程短，但治疗效果往往并不理想，主要应加强预防。

(1) 加强饲养管理 在饲养管理过程中，重点抓好保温防潮。育雏最初 1～5 天内要求温度控制在 27～28℃，以后逐渐降温，每 5 天降低 2℃为宜，直至降到常温。相对湿度控制在 65% 左右，保证足够营养，最好饲喂配合饲料。

(2) 采取药物预防 在饲料中添加 0.5% 磺胺嘧啶，连喂 3～4 天。也可使用氟苯尼考等抗菌药物拌料或饮水。

51. 仔鹅感冒与小鹅瘟的主要区别有哪些？

仔鹅感冒与小鹅瘟都是急性传染病，而且都是发生在易感的雏鹅，流行快，死亡率高，因此很容易混淆。为此，要从病原、流行特点、临床症状、剖检病变和用药等方面加以区别鉴定（下表）。

仔鹅感冒与小鹅瘟的鉴别诊断

	仔鹅感冒	小鹅瘟
病原	志贺氏杆菌	小鹅瘟病毒
流行特点	侵害 15 日龄以后的雏鹅，流行范围相对较小，发病率与死亡率一般在 30%～50%，大鹅感染时仅个别死亡	主要侵害 3～15 日龄的雏鹅，流行广而且快，发病率可达 50%～70%。大鹅抵抗力强，不易感染

（续）

	仔 鹅 感 冒	小 鹅 瘟
临床症状	呼吸道急性卡他性症状，流鼻液，呼吸困难，强力摇头，食欲减少	精神委顿，食欲废绝，体温升高，排灰白稀粪
剖检特征	脾脏肿大，纤维素性心包炎，腹膜炎，肝周炎，呼吸器官表面有一层纤维素性薄膜	肠黏膜发炎，肠道有网柱状物，脑严重充血
药物治疗	不确定性	无效

52. 曲霉菌病是一种什么病？该病的病原有什么特点？

禽曲霉菌病主要是由曲霉菌属中的烟曲霉菌、黄曲霉菌等引起，多种禽类可发生的一种霉菌感染性疾病。发病率较高，有可能造成大批死亡。

该病的病原通常所见而且致病力最强的是烟曲霉菌。烟曲霉菌和它的分生孢子感染后能分泌血液毒、神经毒和组织毒，具有很强的危害作用。而且烟曲霉菌及其孢子对外界环境的抵抗力很强，120℃1小时或煮沸5分钟才能杀死。一般消毒药直接作用1～3小时才能将其致死。

53. 曲霉菌病有哪些流行特点？

该病主要发生于雏鹅，呈急性发生。该病在我国南方地区发生较多，特别是在梅雨季节，而在北方，地面育雏的鹅群常常发生。出壳后的雏鹅进入被烟曲霉菌污染的育雏室后，48小时发病，3～10日龄时为流行高峰期，以后逐渐减少，到1月龄时基本停止发病。如饲养管理条件差，发病和死亡可延续到2月龄。育雏期间饲养管理差，室内外温差过大，通风换气不良，过分拥挤，阴暗潮湿及营养不良，都是促进该病流行的诱因。

成年鹅多为散发性，且一般表现为慢性经过。在少数地区，主要

是我国南方的水网密集地区，饲养环境卫生状况差，曲霉菌污染比较严重时，大日龄鹅也表现出群发性曲霉菌病，而且症状相当严重，损失也较大，需要引起注意。

54. 鹅曲霉菌病在临床表现上有哪些特征？剖检变化有哪些？

潜伏期 3～10 天。病鹅的主要症状是呼吸困难。呼吸次数增加，不时发出摩擦音，有的伸颈张口呼吸。发病雏鹅精神委顿、缩颈呆立、羽毛松乱、翅下垂；有时口腔与鼻孔内流出浆液性分泌物；体温升高，食欲减少。病程的后期，发病鹅出现严重的呼吸困难，吞咽困难，下痢，迅速消瘦。病程一般在 1 周左右。而在慢性病例，其症状往往不明显，主要是呈现阵发性喘气，食欲不佳、下痢，迅速消瘦直至死亡。

鹅曲霉菌病主要病变在肺和气囊炎症，气囊和腹腔粘连，在肺、气囊和胸腹腔上可见成团的灰白色或浅黄色的霉菌斑、霉菌结节（图 6、图 7）其内容物成干酪样变化；肺脏可见弥漫性炎症。发展成脑炎性霉菌病时，可见一侧或双侧大脑半球坏死，组织软化，呈淡黄色或棕色。在急性病例，剖检时可见到雏鹅的咽喉、气管、支气管黏膜充血，有炎性渗出物，肝脏淤血和脂肪变性。在慢性病例，雏鹅的支气管性肺炎病变比较严重，还可见到肠黏膜充血和腹腔炎症。

图 6　曲霉菌病：肺脏上黄
　　　白色霉菌结节

图 7　曲霉菌病：气囊膜
　　　上的灰白色结节

55. 如何诊断曲霉菌病？与黄曲霉菌毒素中毒如何区分？

根据发病鹅临床上无特征性症状，仅表现为呼吸困难，可以怀疑。病理剖检见到肺脏、气管、气囊上有霉菌性结节，并伴发肺炎，可以做出初步诊断。而进一步的确诊需要取结节病灶做压片，镜检发现菌丝体和孢子，也可取霉菌结节进行分离培养。

黄曲霉菌毒素中毒病是由黄曲霉菌毒素引起的一种霉菌中毒病，也属于霉菌性疾病，但该病具有中毒性疾病的明显特点，以肝脏受到严重损害为主要特征。具体区分这两种病，可以简单地从症状和病变特点上来分析。鹅在发生曲霉菌病时，呼吸道症状十分明显，具有特征性；而黄曲霉菌毒素中毒病例较少见到。鹅在黄曲霉菌毒素中毒时，体表皮肤因皮下出血而呈现紫红色甚至酱紫色；而曲霉菌病病例则没有。曲霉菌病的剖检病变主要集中在胸腔内的肺脏、气囊部位；而黄曲霉菌毒素中毒病的特征性病变在肝胆系统，急性病例中毒时肝脏肿大、出血、色淡，胆囊可极度扩张，肾脏有出血、肿大，胰腺有出血点。慢性中毒时肝脏硬化明显，可见白色、点状或结节状的增生病灶，甚至出现肝癌结节。

56. 用哪些方法来防治鹅曲霉菌病？

该病无特效疗法，主要是通过加强饲养管理来预防。

(1) 正确使用垫料和饲料 不使用发霉垫料，不喂发霉饲料，是预防本病的主要措施。垫料经常翻晒，发现长霉时可用福尔马林熏蒸消毒。对水源加强管理，保持清洁，防止污染。

(2) 做好清洁和消毒工作 加强对孵化设备及种鹅的清洁、消毒工作。育雏室被污染后，必须彻底清扫，及时更换垫料并进行消毒，可以选用5％石炭酸等常规的或杀菌能力较强的消毒药物，然后再铺上干燥、洁净的垫料。

(3) 通风防霉 育雏室保持良好通风，特别在梅雨季节注意防止垫料和饲料发霉。

(4) 保持垫草的清洁 发病后立即清除鹅舍内的垫草，选择无刺激性和副作用的消毒药作带鹅消毒，对尽快控制住该病继续发展具有一定的效果。

(5) 药物治疗 对该病进行药物治疗可试用以下几种方法，制霉菌素：每只雏鹅日用量3～5毫克，拌料口服，连用3天，停药2天再连续2～3个疗程，有一定的效果。口服碘化钾：每升饮水中加入碘化钾5克，或每1.5升水中加入碘片1克、碘化钾1.5克，给鹅灌服。硫酸铜饮水：按1：2000的稀释度连饮3～5天。另外，选用高锰酸钾饮水，口服灰黄霉素，以及两性霉素B和克霉唑等都有一定的疗效。

57. 鹅口疮是一种什么病？该病的病原是什么？有什么特点？

鹅口疮又称霉菌性口炎，是发生在鹅上消化道的一种霉菌性传染病。该病的显著特征是病鹅上消化道部位的黏膜生成白色的假膜和溃疡。

该病的病原是白色念珠菌，菌体小而椭圆，能生芽并伸长形成假菌丝，革兰氏阳性，但着色不均匀。白色念珠菌在自然界广泛存在，可在许多动物及人的口腔、上呼吸道和肠道等处寄居。

58. 鹅口疮的易感动物有哪些？哪些因素会促使发生该病？

该病除发生于鹅外，还常见于鸡、火鸡、鸽、鹌鹑等家禽，鸭很少发病。在鹅群中，发病主要是2月龄以内的雏鹅和中鹅。1月龄以内的雏鹅感染发病后，可能迅速大批死亡。3月龄以上的鹅可感染但发病相对较轻，多数可以康复。

饲养管理条件不好，环境卫生差，如鹅舍内过度拥挤、通风不良、浮尘飞沫和有害气体过多以及天气湿热，都是促使该病发生和流行的因素。另外，鹅群在其他疾病发生后，也更容易发生鹅口疮。近年来，一些病例报道了在小鹅瘟病程的后期，鹅群继发鹅口疮，结果造成了更大的经济损失，值得引起注意。

59. 鹅口疮在临床上有哪些症状和典型病理变化？

鹅口疮在临床上症状并不典型。发病鹅表现为生长不良、食欲减退、精神萎靡、羽毛松乱、不愿走动。有时发病鹅出现气喘，喉咙深处发出"咕噜、咕噜"声，叫声嘶哑，临死前全身抽搐。打开病鹅的口腔，可以见到：在口腔黏膜上，开始为乳白色或黄白色斑点，后来融合成白膜，如豆腐渣样的特异性、典型的"鹅口疮"增生和溃疡。

该病的病理特征是上消化道黏膜上有典型的"鹅口疮"病变，剖检可见：尸体消瘦；口、鼻腔内有大量分泌物；口、咽、食道黏膜增厚；嗉囊黏膜增厚，有灰白色稍隆起的圆形溃疡，黏膜表面常见有假膜性斑块，但缺乏炎症反应；腺胃黏膜肿胀、出血，表面覆盖着卡他性或坏死性渗出物；气囊混浊，时常见到淡黄色粟粒状结节。

60. 如何诊断和防治鹅口疮？

病鹅上消化道黏膜特殊性增生和溃疡病灶，可作为诊断鹅口疮的依据。确诊需采取病料或渗出物作涂片镜检，或者进行霉菌分离培养和鉴定。

（1）加强饲养管理，改善卫生条件 注意鹅群不宜过分拥挤。种蛋入孵前，要认真清洗消毒。一旦发现病鹅要及时隔离，并做好消毒工作。

（2）治疗口腔黏膜溃疡灶，涂以碘甘油 经口腔往嗉囊中慢慢灌入 3～5 毫升 2％硼酸溶液作体内消毒，也可在饮水中添加 0.05％的硫酸铜。

（3）大群鹅治疗方法 可在每千克饲料中添加制霉菌素 250 毫克，连喂 1～3 周，可以减少和控制本病的发生。也可在易发鹅群，连续 4 周使用制霉菌素拌料预防，剂量为每千克饲料添加 150 毫克，其效果也相当不错。

61. 鹅坏死性肠炎是一种什么样的病？其病原有哪些特征？

坏死性肠炎属于家禽梭菌性疾病，是由产气荚膜梭菌引起的鸡、鸭、鹅、火鸡等多种禽类发生的，以肠道坏死病变为特征的细菌性疾病。

A 型或 C 型产气荚膜梭菌是鹅坏死性肠炎的病原，两者都能产生 α 毒素，其中的 C 型产气荚膜梭菌还可以产生 β 毒素，并引起坏死性肠炎的特征性病变。

一般认为产气荚膜梭菌是家禽肠道中的主要厌气菌，在家禽的粪便、垫料以及周围环境中都能发现。

该菌为中等大小的革兰氏阳性杆菌，没有芽孢，在血液（绵羊或兔）琼脂平板上，37℃厌氧条件下培养 24 小时，可见到"双溶血"现象：菌落周围有一圈完全溶血的内环，而外环为颜色较淡的不完全溶血，在蛋黄琼脂上也可生长。

62. 鹅坏死性肠炎流行与发生特点有哪些？

鹅坏死性肠炎的最小日龄在 2 周龄，甚至更小；5～6 月龄的成年鹅也有发生。通常幼龄鹅的发病率和死亡率都明显高于成年鹅。

近几年，由于采用集约化、规模化方式饲养，还有许多原来是用在饲料中的抗生素及其他添加剂被限制或禁止使用，国内外有关此类疾病的报道正在日益增多。

养鹅场内的粪便、土壤、水源以及污染的饲料、垫料或肠内容物都会有一定数量的产气荚膜梭菌。一般认为，鹅群发生坏死性肠炎时，污染的饲料和垫料通常是疾病的主要传染源。也就是说，鹅肠道内的产气荚膜梭菌量增加到一定的数量时，疾病就开始发生。一些研究分析表明，改变日粮结构可以影响家禽肠道中产气荚膜梭菌的数量，并且发现鱼粉、小麦或大麦所占比例高的日粮可能诱发坏死性肠炎。

鹅坏死性肠炎发病的另一个主要原因是由于肠道黏膜损伤。而肠道黏膜损伤可以因多种因素引起，主要的有：鹅球虫感染、饲料或饮水中有有毒物质、其他的致病菌感染、粗糙低劣的垫料等。

63. 鹅坏死性肠炎的症状有哪些？具有特征性剖检病变吗？

鹅坏死性肠炎发生时，与其他种类的家禽发生坏死性肠炎一样，并没有任何特征性的症状。病鹅的临床表现只是可以见到不同程度的精神沉郁，羽毛松乱，食欲下降，不愿走动，拉稀。而在一些病程短的病例中仅仅见到病鹅很快死亡，往往见不到异常表现。近几年在临床上曾发现少数发病时间稍长的病鹅，拉的稀便中混有少量灰白色或黄白色的絮状物，系肠黏膜坏死组织的碎片或脱落的假膜，但这也难以作为鹅坏死性肠炎的特征症状。

鹅坏死性肠炎的剖检病变通常局限在小肠部位，以空肠和回肠多见。偶尔也可见到盲肠的病变。特征性剖检病变是肠黏膜严重坏死，坏死灶表面黏附着大量的纤维素性渗出物及细胞碎片。小肠脆而易碎，充盈气体（图8）。剖开肠道就可见到肠黏膜表面覆盖着一层黄色或绿色的假膜，有

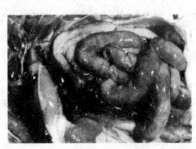

图8 坏死性肠炎：肠道臌胀、坏死

的很容易剥落。刮开假膜或纤维素性渗出物后可见到黏膜上的出血点，但这种出血并不是鹅坏死性肠炎的主要病变特征。其他组织器官的病变中，可见肝脏肿大并形成坏死灶。另外，如该病呈暴发流行时，通常可见到鹅球虫病的某些特征性病变；如该病是非急性或者慢性经过时，小肠的病变可能只见到水肿、淤血、少量纤维性渗出物。

64. 如何诊断和防治鹅坏死性肠炎？

因为鹅坏死性肠炎的流行病学调查和临床表现对诊断帮助不大，所以只能依据典型的剖检病变和组织学病变做出初步诊断，进一步确

诊必须分离鉴定到产气荚膜梭菌。从肠内容物、肠道刮取物或出血性淋巴结中无菌操作采取病料，画线接种于血液琼脂平板上，37℃厌氧培养 24 小时后观察菌落特征及进一步做生化试验鉴定。

防治鹅坏死性肠炎的工作有：

（1）加强卫生工作　搞好环境卫生管理，做好清洁消毒工作，以减少直至消除环境中产气荚膜梭菌污染所带来的危害。

（2）抗生素类药物治疗　选择一些不受限制使用的抗生素等药物，添加到鹅的日粮中，以控制鹅肠道中产气荚膜梭菌的数量和降低粪便中产气荚膜梭菌的排出数量。发生坏死性肠炎时，对鹅群应采取全群治疗，可选择以下药物用于饮水或拌料：林可霉素、杆菌肽、土霉素、泰乐菌素、氟苯尼考、多黏菌素等。

（3）应用益生菌类制剂　如乳酸杆菌、粪球杆菌可抑制产气荚膜梭菌，而减轻坏死性肠炎的危害。

（4）饲料使用注意事项　避免在鹅的日粮中使用鱼粉，减少大麦和小麦在鹅日粮中的比例。

65. 鹅链球菌病是一种什么病？鹅链球菌病的病原是什么？有什么特征？

鹅链球菌病是一种由禽链球菌引起的急性败血性或慢性传染病。鹅链球菌病可以由兰氏抗原血清群 C 群的兽疫链球菌（也称为禽链球菌）、D 群的粪链球菌以及变异链球菌引起。其中的变异链球菌对鹅具有特殊的致病性，可导致鹅特别是雏鹅的败血症和死亡。链球菌是革兰氏阳性菌，呈球形或卵圆形，单个、成对或呈链状排列。可形成荚膜。在血液琼脂平板上生长良好，菌落呈无色透明圆形、光滑、隆起的露珠状，产生明显的 β 型完全溶血。C 群、D 群为 α 型不完全溶血或不溶血。

本菌具有很强的致病力。对一般消毒药均敏感。

66. 鹅链球菌病的发生和流行特点有哪些？

链球菌在自然界、饲养环境中以及鹅肠道内较为普遍存在。鹅发生该病，无论是因为内源性感染还是外源性感染引起，都与饲养管理差、各种应激因素以及鹅群中有其他慢性疾病有关。特别是在潮湿脏乱、空气污浊、卫生条件差的环境中，鹅更容易发病。大日龄的鹅可经皮肤和黏膜伤口感染，雏鹅常常经脐带感染或经种蛋污染进而感染鹅胚，使之成为带菌弱雏。该病无明显的季节性，通常为散发或地方流行。各日龄的鹅均易感，但发病率差异较大，死亡率一般在10%～30%。

67. 鹅链球菌病有哪些临床症状和病理变化？

不同日龄的鹅症状有所不同。

（1）雏鹅 多为急性经过。精神沉郁，羽毛松乱，呆立不动，怕冷；腹部膨大，脐部发炎，排灰绿色稀粪；出现神经症状，痉挛，转圈，常因脱水或败血症死亡。

（2）中雏 主要表现为急性败血症症状。精神不振，喜卧嗜睡，步履蹒跚，运动失调，体温升高，腹泻，食欲废绝，最后角弓反张、全身痉挛而死。急性病程1～5天。

（3）成鹅 表现为慢性经过。呈关节炎型，趾关节和跗关节肿大，跛行，足底部皮肤和组织坏死；腹部膨大下垂，部分出现眼部症状。发病率30%～50%，死亡率低，但淘汰率高。

该病主要病变特征除了雏鹅的急性败血症病变外，兽疫链球菌和粪链球菌引起的急性病例，大体病变相似，特征是肝脏肿大，被膜下有局限性密集的小出血点；脾脏肿大，呈紫黑色，有时出现坏死灶；肾脏肿大，皮下组织、心包可能有血红色积液；较小日龄雏鹅可见到卵黄吸收不全，脐部发炎肿胀。喉头充血和干酪样坏死物，气囊炎等。

68. 如何诊断和防治鹅链球菌病？

鹅群发生该病时，根据其发病特点、临床症状和病理变化只能作为疑似的依据，因为这些方面与沙门菌病、大肠杆菌病、渗出性败血症等极为相似。确诊还必须依靠细菌的分离与鉴定。比较简单的方法是通过病料的涂片、染色和镜检，如革兰氏染色后见到蓝紫色（阳性）的，单个、成对或呈短链状排列的球菌，即可做出初步诊断。

预防和控制该病发生与传播的主要措施有两条，一是靠常规的卫生消毒措施预防，二是减少各种诱发该病的应激因素所带来的影响。用于治疗该病的药物有：庆大霉素和新霉素，也可选用卡那霉素和四环素。另外，使用0.2％土霉素或0.04％复方磺胺类药物拌料，连用3～5天，也可控制该病。

69. 鹅肉毒梭菌毒素中毒的病原有哪些特点？其发生与流行特点有哪些？

鹅也会发生肉毒梭菌毒素中毒，与其他禽类如鸡、鸭等的肉毒梭菌毒素中毒是同一疾病。最近十几年来"老病"在鹅身上新发，而且发病过程相同，也是由肉毒梭菌外毒素引起，也称为"软颈病"。

该病的病原是C型肉毒梭菌，革兰氏阳性，较粗大，常散在或呈链状，可产生芽孢，高温厌氧条件下产生神经性毒素。这种肉毒毒素是目前所知的毒力最强的毒素之一，而且对热、弱酸、胃蛋白酶等都有较强的抵抗力。准确地说肉毒梭菌本身并不致病，主要是其所产生的毒素产生的严重危害。

这十几年来的病例报告以及笔者的调查表明，鹅肉毒梭菌毒素中毒多数发生在具有浅滩水域地区的放养或半放养鹅群。发病季节相对集中在夏秋高温季节。在水边常有一些腐败的鱼虾和动物尸体，存有较多的肉毒梭菌。鹅本来只采食饲料和饲草，但如今多个品种的鹅在放养的过程中也吞食腐败的鱼虾以及动物尸体上的蝇蛆等。由此而造成肉毒梭菌毒素中毒。临诊中还发现有少数鹅群的发病是由于摄入鹅肉毒梭菌污染的饲料和陈年经久的水塘淤泥而引起。

70. 鹅肉毒梭菌毒素中毒的临床症状和剖检病变有哪些？

鹅的肉毒梭菌毒素中毒急性病例只是出现全身抽搐，很快死亡，临床上还不多见。非急性病例具有特征性临床表现：发病鹅几乎全身性麻痹，双腿、翅膀、颈部和眼睑软弱无力。最为典型的是病鹅卧地不起，将脖子举伸耷落于地面上；羽毛蓬乱或竖立，很容易拔落，尤其是在头颈部位的羽毛。食欲废绝，偶尔见腹泻，一般1～3天内死亡。有的中毒较轻的可能康复。

鹅发生肉毒梭菌毒素中毒后，缺乏剖检病变和组织学病变。可能见到的病死鹅肠道，主要是小肠段空虚，胆囊肿胀以及肾脏肿大，也不具备特征性。

71. 怎样对鹅肉毒梭菌毒素中毒进行诊断和防治？

根据鹅发生肉毒梭菌毒素中毒时的特征性麻痹症状，虽未见特征性病变以及腐败食物源性的调查等，可以做出初步诊断。进一步确诊，需在实验室内对病死鹅的血清检测。

预防该病发生的根本措施是杜绝鹅对肉毒梭菌的摄入。及时处理放养环境中的腐败鱼虾及其他动物尸体，定期清理鹅群栖息的水塘或水滩，避免喂给污染了肉毒梭菌的饲料。在鹅群发病的初期，可使用泻剂灌服以加快肉毒素排泄。口服一些抗生素也可以抑制病鹅肠道内的肉毒梭菌产生毒素的数量。在饮水中添加葡萄糖、维生素C也能起到辅助治疗作用。虽然有肉毒梭菌抗毒素可用于注射治疗，但因其价格昂贵，一般不用。

72. 鹅也会患结核病吗？该病的病原有什么特征？

鹅结核病是由禽型结核杆菌引起的一种慢性传染病。该病多在较大日龄的鹅群中流行，而小日龄的鹅群很少发生，这不是因为雏鹅对感染有较强的抵抗力，而是因为育成鹅比雏鹅有着更长时间的接触感染的机会。此病还可以传给猪，也可影响奶牛结核菌素反应的结果，从而造成检疫工作的困难。

禽型结核杆菌，最主要的特征是它的耐酸性。该菌通常呈杆状，两端钝圆，无运动力，不形成芽孢。在含有全蛋或蛋黄的培养基上，

38～40℃培养需要2～3周才能长成细小、微凸、分散的菌落，并且菌落颜色从灰白色逐渐变为灰黑色直至暗黑色。目前，只发现血清1、2和3型对家禽具有致病性。这种致病菌对外界环境的抵抗力很强，在干燥的分泌物中能够数月不死，在土壤和粪便中能够生存7～12个月。

常见的消毒药物中，以酒精、福尔马林、漂白粉及臭药水的杀灭效果较好。其中，酒精的效果最好，因为酒精能溶解菌体表面一层类脂的蜡膜而容易杀灭。

73. 鹅结核病的流行与传播特点是什么？

几乎所有品种的家禽都能被禽型结核杆菌感染，禽型结核病可发生于鸭、鹅、鸡、火鸡、动物园及野生鸟类。鹅的结核病，多在种鹅中发生和流行。资料显示，其发病率在1‰～3‰不等，死亡率很低，但淘汰率高。

发病鹅或感染但尚未发病的带菌鹅是该病的传染源。结核杆菌通过污染的排泄物、饲料、饮水等侵入消化道而发生感染；也可以通过呼吸道感染。各种应激因素的影响可以促成感染鹅发病。

74. 鹅结核病的临床特征和病理变化有哪些？

结核病的潜伏期较长，可达数月之久。发病的进程缓慢，在早期感染往往看不到明显症状。因为，鹅对结核杆菌的抵抗力比鸡、鸭强，感染加重到一定的程度时，病鹅开始出现临床症状；上喙部的鼻孔周围有疮疕状隆起，从内向外渐渐发展，最后角质层、真皮层也向下隆起使喙部破溃。病鹅精神委顿，羽毛蓬松无光，食欲减退；离群独处，喜卧厌动；步态不稳；叫声嘶哑；胸肌萎缩，龙骨如刀；贫血，全身消瘦。病程可达数月，最后可能因极度衰弱而死亡。

该病的剖检病理变化主要在肝脏、脾脏、肠道及肺脏等器官。特征性病变主要是肝脏和脾脏表面有灰白色或黄色的小结节，也就是结核结节（图9、图10）。结节的大小不一，小的针尖样，大的绿豆般。

将结节切开，外面包裹一层纤维组织性的包膜，里面充满一种乳白色干酪样的物质。偶尔可见心包炎和气囊炎。

图 9　结核病：肺脏上的结核结节

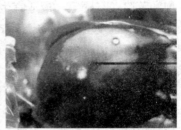

图 10　结核病：肝脏上的白色结节

75.　如何对鹅结核病进行诊断和预防？

鹅结核病仅凭临床症状，不易做出诊断。如认为可疑，可以挑选症状明显的病鹅进行剖检。根据特征性的结核结节可做出初步诊断。有条件的，可以采取病鹅肝脏、脾脏组织，制成涂片，火焰固定后用石炭酸复红做抗酸染色，如果是结核病，在涂片中可以找到染成红色的结核杆菌。也可以取病料接种于蛋黄和甘油的培养基上，在 40℃下培养 3～4 周后，出现圆形、光滑、湿润、有闪光的灰黄色菌落，然后再作涂片染色镜检。

鹅患结核病后，药物治疗并没有实际价值，要控制其发生和蔓延，就必须采取清群措施，对病鹅予以隔离、淘汰，做烧毁或深埋处理。对鹅舍、用具设备等彻底清洗和消毒。将运动场铲去 20 厘米厚的一层表土，让日光充分暴晒后，再撒上一层生石灰，然后铺一层干净的沙土。

76.　鹅的伪结核病是一种什么样的病？其发病特点有哪些？

禽的伪结核病是由伪结核耶尔森氏菌引起的家禽以及野禽的一种接触性传染病。该病以短期的急性败血症和随后的慢性局灶性感染为特征。由于这种慢性局灶性感染形成与结核结节相类似的干酪样结

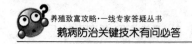

节，所以称之为伪结核病。

伪结核耶尔森氏菌为革兰氏阳性小杆菌，有时呈球形或长丝状，无芽孢和荚膜，有鞭毛。最适宜生长的温度为30℃。在普通蛋白胨平板上，37℃过夜培养后形成有黏性、颗粒状、灰黄色的小菌落，如培养基中含有血清则菌落增大3～4倍。抵抗力不强，很容易被阳光、干热或常规消毒药物所杀灭。

几乎所有的禽类都可能发生该病，没有感染日龄和发病季节的特征性，主要通过被病禽排泄物污染的土壤、饮水或饲料传播。致病菌可以通过皮肤创口或黏膜，主要是消化道黏膜进入血液系统，从而导致菌血症。因此，在多个器官上形成感染灶，并形成结核结节样的病变。

77. 鹅伪结核病有什么样的临床症状和剖检病变？

鹅在发生伪结核病时临床症状差异很大。最急性病例很少见，往往没有任何临床症状而突然死亡。急性病例也不常见，往往是突发腹泻，接着出现急性败血症变化，1～2天内死亡。常见病例的病程都在2周以上，临床症状表现为：腹泻，极度虚弱、消瘦；呼吸困难；羽毛蓬乱、皮肤褪色；临死前1～2天内食欲废绝、出现麻痹症状。

最急性和急性病例的剖检病变为急性败血症变化；肝脏、脾脏肿大；肠炎。而在慢性病例中，内脏器官中主要是肝脏和脾脏，以及胸腹部肌肉中有粟粒状大小的灰黄或灰白色坏死灶；较重的出现卡他性或出血性肠炎。

78. 如何对鹅的伪结核病进行诊断和防治？

根据该病的临床症状和剖检病变，可以做出初步诊断。但要注意与禽霍乱、鹅副伤寒、结核病等加以区别，确切的诊断需要对病原进行分离和鉴定。比较简便的做法是做血液涂片，革兰氏染色后镜检区分。

对该病的预防应按照兽医卫生要求来进行。而一旦发病后必须立即采取隔离、消毒措施，对发病严重的鹅予以及时淘汰，避免污染和扩散。在治疗方面，现有的药物治疗效果并不确定，可以选用：硫酸链霉素和四环素，按每升 0.5 毫克的剂量交替饮水 2～3 天；复方磺胺药物拌料，连用4～5 天；庆大霉素针剂注射，每只鹅用量 2 毫克，连用 3 天。

79. 鹅渗出性败血症是一种新病吗？

鹅渗出性败血症不是一种新病，其实早在 100 年前就有此病的报道，只不过在历史上病例报告数量不多，而且对其病原归类没有确定，病名也多有改变。如今已正式将它定名为"鹅的鸭疫里默氏杆菌感染"，病原就是鸭疫里默氏杆菌。此致病菌对鸭致病时，也就是俗称的"传染性浆膜炎"。值得注意的是，最近几年来国内许多地方，除了鸭以外，鹅的鸭疫里默氏杆菌感染发病的情况一直不断，病例数量有所增多。

80. 鹅渗出性败血症的病原有什么特征？

鸭疫里默氏杆菌为革兰氏阴性的短小杆菌，无运动性，常呈单个或成对排列，大多数有两极染色特征，新分离的可见有荚膜。在巧克力琼脂或血液琼脂平板上，37℃厌氧培养 24 小时后，可以见到细小、边缘整齐、有光泽、近乎透明、奶油状的菌落，而且 45°斜射光观察时有虹光。鸭疫里默氏杆菌的抵抗力并不强，高温、常见的消毒液都能很快杀灭。到目前为止，世界各地报道已超过了 20 个血清型，但对国内的鸭、鹅病例研究发现只有 4～5 种，而且仅以其中的2～3 种为主。

81. 鹅渗出性败血症的发生与流行有哪些特点？

虽然鹅对鸭疫里默氏杆菌具有一定的抵抗力，但感染依然存在，1～6 周龄鹅高度敏感，而且 4 周龄内的雏鹅可能更严重发病并引起死亡。如果饲养管理差、环境卫生条件恶劣、并发或继发于其他疾病

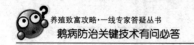

时，死亡率可达50％以上，引起重大的经济损失。稍大一些的鹅，发病较轻，但成活率低、体重显著减轻、废弃率升高。成年鹅通常不发病。

该病一年四季都可以发生，以冬春季节为最多。感染途径为呼吸道或皮肤伤口，特别是脚掌皮肤受伤感染。农村个体户饲养规模较小的鹅群发病较少，多见于有一定规模的养鹅场。调查发现在这些鹅场发生鹅渗出性败血症的一个重要的原因是来自饲养管理和环境卫生方面。育雏室内饲养密度过大、空气流通不畅、垫料潮湿又粗糙，饲料中蛋白质、维生素及微量元素欠缺等很容易造成该病发生和传播。

82. 鹅渗出性败血症有哪些症状？

鹅渗出性败血症的常见症状是精神委顿、嗜睡、缩颈、耷头时喙搁于地面、不愿走动或摇晃慢行；食欲减退或废食；眼、鼻部位分泌有大量浆液性或黏液性液体；有的咳嗽或打喷嚏；排绿色或黄绿色稀粪，有的出现腹部膨胀；部分出现神经症状，特别是在慢性病例，如共济失调、易受惊吓、头颈歪斜或震颤、两腿呈角弓反张姿势、昏迷。4周龄以内的雏鹅多呈急型发作，1～2天内很快死亡。大于4周龄鹅的病程可能拖到1周。

83. 鹅渗出性败血症具有特征性病变吗？如何诊断？

是的，该病有着与鸭传染性浆膜炎极为相似的病变。明显的，也是特征性的剖检病变是发病鹅部分脏器的浆膜表面的纤维素性渗出，在心包膜、肝脏表面最为显著。心包膜混浊、增厚；肝脏表面覆盖一层纤维素性薄膜，容易剥离；气囊膜混浊、增厚。另外，还可能见到的病变有：纤维素性肺炎，纤维素性脑膜炎；脾脏肿大，呈斑驳状；皮肤局部感染形成共性病灶。

根据该病的发病特点、临床症状和剖检变化可以做出初步诊断。但必须注意与禽流感、大肠杆菌病、沙门菌病等引起的败血性疾病加以区别，因为这些疾病的剖检病变有时与鸭疫里默氏杆菌感染很难区分。因此，确诊需要进行细菌的分离和鉴定。

84. 如何对鹅渗出性败血症进行治疗、预防和控制？

应该说，多数的抗生素、磺胺类及喹诺酮类药物对鸭疫里默氏杆菌感染都具有一定的治疗效果。最好的办法还是通过药敏试验来选择，也可以采用联合用药的办法。对发病鹅全群治疗时，可试用：复方敌菌净按 0.05％ 的比例拌料，连用 4～5 天；或复方喹噁啉按 0.2％ 比例拌料，连用 3 天，停药 2 天后再连用 3 天。对病重的鹅可进行皮下注射林可霉素或肌内注射庆大霉素等。

（1）**最主要的预防措施是搞好饲养管理和环境卫生工作**　保证合适的通风换气状况，清洁、干燥、无引起创伤的地面和垫料；避免雏鹅过度拥挤和遭受过冷或过热应激；网养的要定期冲洗和消毒地面，减少污染机会。最好能做到"全进全出"，不将不同日龄的鹅群混养。特别是绝不能在同一场地将鸭、鹅和鸡等混养。

（2）**药物预防**　在易感鹅群的饲料和饮水中，添加 0.25％ 的磺胺二甲基嘧啶，以及在饲料中添加 0.05％ 的磺胺喹噁啉或 0.025％ 的林可霉素都可以有效地预防雏鹅渗出性败血症的发生。

（3）**免疫预防**　可直接将用于预防鸭传染性浆膜炎的鸭疫里默氏杆菌双价或多价油乳灭活苗给 1～2 周龄的雏鹅作预防接种。其免疫保护期有 2～3 个月。国外及国内有关单位研发的 1、2 和 5 型鸭疫里默氏杆菌弱毒菌苗，通过气雾或饮水免疫，效果也不错，免疫保护期在 6 个月以上。

85. 鹅葡萄球菌病的病原是什么？有什么特征？

鹅葡萄球菌病是一种由金黄色葡萄球菌引起的鹅急性败血性或慢性的传染病。

该病的病原为金黄色葡萄球菌。该菌为革兰氏阳性，在普通培养基上生长良好，为圆形或卵圆形，37℃ 24 小时内即可形成圆形、光滑、湿润、隆起的菌落，常有白色、橘黄色、金黄色色素。菌体成对排列或呈葡萄样聚集在一起（尤其在固体培养基上），通常致病性菌株的菌体较小一些，无鞭毛，不产生芽孢，有些菌株能产生多种毒素和酶。

金黄色葡萄球菌对外界环境的抵抗力相当强。在干燥环境中可以存活数周，60℃ 30分钟才能杀死。一些菌株对热、普通消毒剂和盐类有较强的抵抗力。对各种药物，尤其是抗生素类药物，很容易产生耐药性。

86. 鹅葡萄球菌病的流行特点有哪些？

葡萄球菌广泛分布于自然界，可以说是无处不在，是家禽皮肤和黏膜上的正常菌系，并且是家禽孵化、饲养或加工场所环境中常见的微生物。目前为止，唯一对家禽有致病的是金黄色葡萄球菌。通常在家禽的自然防御屏障被破坏的情况下，引起发病。鸭、鹅，其次是鸡、火鸡等都有发生。鹅的皮肤外伤和黏膜损伤，是造成局部感染，进而引发全身感染的主要因素。种蛋和孵化器被污染，会造成胚胎早期死亡，孵出的雏鹅容易死亡，也容易引发脐炎，并继续扩散至全身而出现败血症。鹅葡萄球菌病在一般情况下的发病率和死亡率都很低，但如果污染十分严重时，则显著增高。

87. 鹅葡萄球菌病有哪些临床症状？

该病的潜伏期较短，根据致病菌的侵袭部位和鹅的病症表现，可分为脐炎型、皮肤型、关节炎型和内脏型4种。

(1) 脐炎型 常发生于7日龄以内的雏鹅。发病鹅体质瘦弱，精神很差，饮食减退；卵黄吸收不良，腹部膨大，脐部肿胀、发炎，常常因败血症而死亡。

(2) 皮肤型 常发生于3～4周龄的雏鹅，多因皮肤或黏膜损伤引起感染，很快表现为局灶性坏死性炎症，有的鹅因腹部皮下炎性肿胀而皮肤呈蓝紫色，触诊皮下时有液体波动感。病程后期，病鹅可能出现皮下化脓性炎症随后出现坏死皮炎或全身性感染，食欲废绝，最后因衰竭而死。病程1～2周。

（3）关节炎型 常发生于中鹅和成鹅，发病鹅的趾关节和跗关节肿胀，跛行。病程较长，在2周以上。

（4）内脏型 常发生于成鹅。表现为食欲减退，精神不振，渐进性消瘦。有的病鹅腹部下垂，行走时不断摇晃，俗称"水裆"。

88. 鹅葡萄球菌病在剖检上有哪些病变？

脐炎型：脐部常有炎症、干酪样坏死性病变，卵黄严重变形，有时成糊状；皮肤型：皮下有出血性胶样浸润，液体呈黄棕色或棕褐色，也有坏死性病变；关节炎型：关节肿胀，关节内有浆液性或纤维素性渗出物，病程稍长时，渗出物呈干酪样；有时发展成骨髓炎；内脏型：肝脏肿大、充血，呈淡黄色；关节的滑膜增厚、水肿。另外，在部分病例，还可以见到心外膜有小出血点；泄殖腔黏膜有坏死性溃疡灶；腹膜发炎，腹腔积水或有纤维素性渗出物。

89. 如何诊断和防治鹅葡萄球菌病？

根据流行病学、临床症状和剖检病变的某些特点，可以作出初步诊断。无菌采取病鹅的心血、肝脏、脾脏或关节囊病料，进行分离培养金黄色葡萄球菌。在血液琼脂平板上（牛或绵羊血）大都具有β溶血现象，所以也较容易区分。

根据兽医卫生要求，制定综合预防措施，特别要注意避免鹅群的皮肤和黏膜受到损伤。

由于许多分离菌株对一种或多种抗生素以及其他药物有抗药性，最好在发病早期就着手通过药敏试验来选择敏感药物，从而保证治疗效果。如果没有条件进行药敏试验，可选用庆大霉素、卡那霉素、红霉素等，注射的效果要明显优于饮水或拌料给药。

90. 弯曲杆菌病是一种什么样的病？鹅也可能发生吗？

弯曲杆菌病是一种重要的人畜共患病，在多种动物，包括家禽和

野禽以及人身上都可以发生。病原是弯曲杆菌属中的 3 种嗜热菌，以空肠弯曲杆菌最为常见。到目前为止，在国内鹅的弯曲杆菌尚未见有病例报道，国外仅有个别欧洲国家报道鹅发生此病。

91. 如何认识弯曲杆菌病及对该病进行防治？

弯曲杆菌是一种比较特殊的嗜热细菌，螺旋状弯曲呈 S 形或海鸥羽毛形，革兰氏阴性，菌体较小，具单极鞭毛能运动，37℃时几乎不生长，在 43℃、微氧环境中培养 48～72 小时后，可看到呈扁平、透明、灰色的菌落。该菌对干燥极为敏感，而对环境抵抗力强。鹅感染空肠弯曲杆菌发病时的主要症状为精神沉郁和水样腹泻。

主要的剖检病变为整个小肠出现膨胀，其内充盈黏液和水样内容物；肝脏出现坏死性病灶以及肝脏被膜下出血；部分可见到消化道充血。

对该病的预防比较困难，通常也就是采取严格的清洁和消毒措施来减少致病菌的污染和传播。有资料表明，红霉素和强力霉素的杀菌效果比较明显，一旦鹅群感染此病，可选择用于治疗。

92. 鹅也能发生"慢性呼吸道病"吗？

家禽慢性呼吸道病是由败血支原体和滑液囊支原体引起的以呼吸道症状为特征的传染病。以前认为这两种病原的易感动物主要是鸡和火鸡，但从 20 世纪 80 年代起国外陆续报道了从鹅体内分离到支原体以及鹅、鸭感染支原体并发病的情况。国内在这方面的报道很少见到，但在生产上，鹅群的支原体感染并有病症表现是实际存在的。调查报告显示，我国南方某些地区鹅群败血支原体的感染率为 29.7%，滑液囊支原体的感染率为 19.5%，两者混合感染率为 14.6%。

93. 鹅在感染支原体后发病的症状和病变主要有哪些？

鹅在发生该病时，临床上的症状与鸡的非常相似，也是出现咳嗽、流鼻涕、呼吸啰音、气喘；眼、鼻有分泌物，窦部肿胀；食欲减退；发育迟缓，生产性能下降等。而且剖检病变特征也差不多，气囊炎，心包炎，鼻窦、气管和支气管卡他性炎症等。

另外，鹅的支原体感染除了败血支原体和滑液囊支原体这两种病原外，在欧洲国家还发现与之不同的，造成鹅感染发病的几个支原体株，并且其中一株被特别命名为鹅支原体。病原不同，其临床症状也有差异，在发病鹅观察到生殖系统病变以至丧失繁殖能力，产蛋量下降，经蛋传播造成胚胎死亡和新生雏鹅生长迟缓；雏鹅还可能出现呼吸道—神经症状综合征。这些情况需要引起注意。

94. 如何进行鹅支原体感染的防治？

建议采取与预防鸡慢性呼吸道病相似的综合防治措施。鹅的支原体感染程度与鹅场的饲养管理及环境卫生状况直接相关，所以必须做好这方面的工作，防患于未然，特别要注意的是决不能将鸡、鸭、鹅混养，鹅场尽量远离鸡场，防止来自鸡场的支原体水平传播。另外，对种蛋的消毒处理对减少支原体垂直传播也有一定的作用。如要进行免疫预防，可以考虑试用目前用于鸡的慢性呼吸道病油乳剂灭活苗，剂量可做适当调整，但注意不能在鹅群中盲目使用弱毒苗。

一旦鹅群感染严重、发病时，可选择性使用药物来控制、治疗。效果较好的有：泰乐菌素、红霉素、替米考星、螺旋霉素、氟喹诺酮类。

95. 鹅也会发生衣原体病吗？

禽衣原体病是由鹦鹉衣原体引起的多种禽类都可感染发病的传染病。以前也称为"鹦鹉热"（人类和鸟的衣原体病）、"鸟疫"。该病在世界范围内都会发生，发病和分布随禽的种类和衣原体的血清型不同而有很大的差异。在欧洲，长期以来，多种禽类包括鹅有过发生该病的报道，不管从经济学角度还是公共卫生意义上来说，一直作为重要疾病来处理。国内，目前尚未见有鹅衣原体病的病例报道。

96. 鹅衣原体病的特点和临床症状有哪些？

大多数衣原体株为宿主特异性和疾病特异性，所有禽类分离株属于 6 个血清型，感染鹅、鸭的为 C 型衣原体。衣原体在形态学上很特殊，有两种完全不同的形态。呈感染形态时，是一种很小的、致密的球形体，称为原生体；呈代谢旺盛形态时，比原生体要大好几倍，称为网状体。

鹅衣原体病通常为重症性、消耗性并有可能发生死亡。发病鹅精神极差，全身颤抖，食欲减退甚至废绝，共济失调，雏鹅可以出现恶变质，排绿色稀粪，眼、鼻有浆液性或脓性分泌物。至后期，病鹅严重消瘦、体弱，并可能死于痉挛。发病率从 10％到 80％不等；死亡率也有高低不同，从无死亡至 30％左右，取决发病鹅的日龄以及是否有沙门菌等的并发感染。

97. 对鹅衣原体病的预防和治疗措施有哪些？

没有特别的、针对性的防范措施来预防鹅衣原体病的发生，应按照常规的兽医卫生要求来做。比如，避免鹅群接触到潜在的衣原体贮主，包括野禽、宠物以及外来人员等；做好饲养环境的清洁、消毒工作，以切断其传播途径等。尚无成功的商品化疫苗可供免疫接种。一旦鹅发生衣原体感染后，可选择使用四环素、红霉素、金霉素等药物对全群治疗。

三、鹅的病毒性疾病

98. 什么是病毒？其结构和组成成分是什么？

概括地说，病毒是一类比较原始的、有生命特征的、能够自我复制和严格细胞内寄生的非细胞型生物。

病毒是一种极微小的微生物，其大小常以纳米（1 纳米＝10^{-9} 米，即：一纳米等于十亿分之一米）表示。不同的病毒大小相差悬殊，较大的痘病毒直径约 300 纳米，经染色处理后，在光学显微镜下可以观察到。而较小的细小病毒直径仅 20 纳米左右。大多数病毒大小在 20～300 纳米范围内，必须用电子显微镜才能观察到。图 11 为动物各种病毒的形态和相对大小。

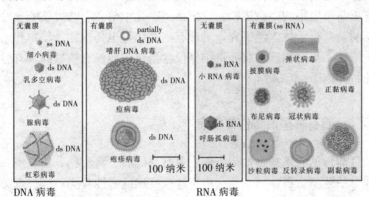

图 11　动物各种病毒的形态和相对大小

病毒结构非常简单。通常将一个具有完整结构和功能的病毒颗粒称为病毒粒子。它由核酸（RNA 或 DNA）和蛋白质组成。核酸位于病毒粒子的中心，构成了它的核心或基因组，蛋白质包围在核心周围，构成了病毒粒子的壳体。核酸和壳体合称为核壳体。有些病毒的核壳体外，还有一层囊膜结构（图 12）。最简单的病毒就是裸露的核壳体。病毒形状往往是由于组成外壳蛋白的亚单位种类不同而致。病毒不能独立生活。当它存在于环境之中，游离于细胞之外时，不能复制，不表现生命形式，只以一种有机物的物质形式存在。但病毒进入细胞之后，才能进行复制（繁殖），表现它的生命形式。

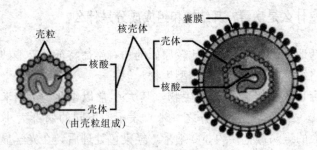

壳粒　　　核壳体　　　囊膜

核酸　　　壳体

壳体　　　核酸

（由壳粒组成）

图 12　病毒结构示意图

在病毒中有两种特殊情况，一种是类病毒，它是一种只含小分子的核糖核酸而缺少蛋白的具有感染性的独特因子，是近年来发现的比病毒更简单更小的生命体，它比病毒还小几十倍。它通过核糖核酸自我复制，繁衍后代。经研究，发现有些类病毒也是植物、动物和人类的病原体。与之相反，朊病毒则是仅含蛋白质而没有核酸的具有感染性的特异因子。

99. 鹅有哪些病毒性传染病？

目前常见的鹅病毒性传染病主要有小鹅瘟、禽流感、新城疫、鸭瘟和雏鹅新型病毒性肠炎等。由于这些疫病危害性较大，经济意义较高，国内外对这些疫病的病原及其防制技术研究得较为深入，并且已开发出相应的疫苗。但鹅的病毒性疾病远不止这些，已从鹅体内分离出许多种病毒，如网状内皮组织增殖症病毒、圆环病毒等。此外，我国所有养鹅地区普遍存在着多种动物混合饲养的状况，鹅可感染或携带其他动物的病毒。几乎所有鸡的病毒或其抗体均可从鹅体检测到。

虽然目前这些病毒的绝大多数尚未体现出对鹅的致病性或致病性不高，但随着病毒的不断进化和毒力增强，也许将来会像禽流感病毒和新城疫病毒那样成为鹅新的重要的传染病。

100. 烈性病毒性传染病有哪些主要特征？

烈性病毒性传染病除具有动物传染病的诸多共性外，还具有许多突出的特征。概括地讲，烈性病毒性传染病具有传播迅速、流行广泛、危害严重、高发病率和高死亡率等特征。如禽流感、新城疫等病毒病的传播极为迅速，短时间内可传遍整个鹅群，并波及与之密切接触和邻近地区的鹅、鸭、鸡等禽群，有时还会造成大范围、大区域的流行。这些疾病引起的发病率和死亡率均很高，有时可高达100%，经济损失十分严重。

101. 病毒性传染病的防治有哪些原则？

在众多鹅病中，以病毒性疾病的危害最为严重。一些高度传染性的疾病，如新城疫、禽流感等，发生后可能在鹅群中迅速蔓延，有时来不及采取措施已经造成大面积扩散。病毒性疾病的防治应掌握以下几个原则。

（1）预防为主，防重于治 目前，鹅病毒性疾病尚无特效的治疗药物，主要是以预防为主，即采用疫苗进行免疫接种，以及采取各种综合预防措施预防疾病的发生。预防为主并不意味着治疗不重要，把治疗作为发病后的一种紧急补救措施，在一定程度上可降低疾病造成的经济损失。

（2）准确诊断疾病，及时采取防控措施 鹅一旦发病，要及时作出准确诊断，并积极采取有效的防治措施，如治疗、消毒、紧急免疫接种等。一是降低发病鹅群的发病率和死亡率，将损失降到最低；二是防止疫情进一步扩散。不同的疾病所采取的措施也不尽相同，其效果的好坏直接取决于对疫病诊断的正确与否。诊断是疾病防控的关键，也是疾病治疗的前提。

（3）注意非典型和混合感染病例出现的趋势　随着人们防疫意识的增强，一些急性传染病已开始由典型变为非典型。此外，当前发生的多数病例也不是单一病原感染，而是多种病原的混合感染。这些给疾病诊断带来较大的困难。在疾病诊断过程中，必须综合考虑各种因素。

（4）准确把握紧急免疫接种时机　鹅群发生病毒性疾病后，通常是采取紧急接种的方法，即采用疫苗对发病鹅群及其邻近可能受到威胁的鹅群进行接种。对于发病鹅群，必须准确把握接种时间，一般以发病初期，发病鹅不超过鹅群的1/3时用苗为宜。如果疾病已扩散到整个鹅群，则不宜进行紧急接种。否则，很可能会造成更多的鹅死亡。在这种情况下，可先选择药物进行辅助治疗，待病情稳定后再进行疫苗接种。

（5）科学使用生物制品和药物　病毒性疾病的治疗药物包括特异性抗血清和一些抗病毒药物等。在使用过程中，要充分了解它们的生产厂家及其保存、运输、使用方法、使用对象和注意事项等。

（6）加强发病期间的饲养管理，注意防止继发感染　鹅群患病后，其机体抵抗能力会有所下降，且会不断地向外界排毒。因此，必须加强患病鹅群的饲养管理，并采取一些辅助性治疗措施，以提高机体的抵抗力，加快受伤组织、器官、黏膜的修复。

（7）做好病死鹅的无害化处理　病死鹅体内含有大量的病原体，且毒力很强，若处理不当，一可以对环境造成污染，如污染土壤、水源等，进一步扩大疫情；二可以造成鹅群的二次感染，因此，在发病和治疗期间，对于病死鹅尸体，一定要做好无害化处理，如深埋、焚烧、消毒、化制等，做到治疗和防控两不误。

（8）注重经济和安全原则　养鹅的目的就是增加收入。因此，在疾病治疗时必须考虑治疗成本，以免顾此失彼。此外，也必须掌握安全原则。对于一些急性、烈性的人畜共患传染病，如禽流感，首先要考虑它的危害性、传播特性、流行强度、治疗效果等因素，按照国家规定扑杀或做无害化处理。

102. 小鹅瘟是一种什么病？其病原是什么？

小鹅瘟又称鹅细小病毒感染、鹅心肌炎或渗出性肠炎等，是发生于雏鹅和雏番鸭的一种急性、败血性、病毒性传染病。本病于1956年在我国首次发现并命名为小鹅瘟，其后世界许多国家陆续报道本病。

小鹅瘟的病原为鹅细小病毒，也曾称为小鹅瘟病毒、雏鹅肝炎病毒、雏鹅渗出性肠炎病毒等，是细小病毒科细小病毒属的成员。病毒为球形，无囊膜，直径为20～40纳米，是一种单链DNA病毒，对哺乳动物和禽细胞无血凝作用，但能凝集黄牛精子。国内外分离到的毒株抗原性基本相同，但与哺乳动物的细小病毒没有抗原关系。小鹅瘟仅发生于鹅与番鸭，其他禽类均无易感性。

103. 小鹅瘟的流行有哪些特点？

在自然条件下，小鹅瘟仅发生于雏鹅和雏番鸭。20日龄以内的雏鹅发病率和死亡率可达90％～100％。近年来，小鹅瘟的发病日龄有趋小趋大的情况，即1周以内到50日龄以上都有可能发生小鹅瘟。目前，小鹅瘟最早发病为2～5日龄，其死亡率高达95％以上，6～10日龄雏鹅死亡率为70％～90％；11～15日龄死亡率为50％～70％；16～20日龄死亡率为30％～50％；21～30日龄死亡率为10％～30％；30日龄以上死亡率为10％左右；最大发病日龄为73日龄，但其症状较轻，病程较长，死亡率低。随着雏鹅的日龄增长，其发病率和死亡率呈下降之势。小鹅瘟大流行有一定周期性，雏鹅的死亡率均在50％以上。在大流行之后，幸存下来的鹅都获得了一定的免疫力，其后代具有天然被动免疫力。目前，除在少数地区有大流行外，更多的地方每年均有不同程度流行发生，死亡率一般在20％～30％，高者达50％以上。

本病一年四季都可发生，但由于我国各地养鹅季节不同、饲养方式不同等许多原因，小鹅瘟的流行发生时间也不同。如江苏省流行季节为每年 12 月至次年 7 月，东北、西北地区为 4～7 月，四川省为每年 11 月至次年 6 月，而广东、广西等南方省区一年四季均有发生。

104. 小鹅瘟有哪些临床症状？

小鹅瘟的潜伏期一般为 3～5 天。鹅发病后的临床症状、发病率、死亡率和病程长短随日龄不同而有较大差异。根据病程经过，可分为 3 种类型：

(1) 最急性型　1 周龄以内的雏鹅感染常呈最急性，往往无任何前期症状，一发现即极度衰弱或倒地乱划，不久即死亡。

(2) 急性型　2 周龄内发生的病例一般为急性。病鹅精神委顿，缩头松毛，步行艰难，离群独处，打瞌睡，继而食欲废绝，喜饮水，严重腹泻，排灰白或淡黄绿色并混有气泡的稀粪。鼻孔流出浆液性分泌物，摇头，口角有液体甩出，呼吸用力，喙端色泽变暗，嗉囊中有多量气体或液体；有些病雏临死前出现神经症状，颈部扭转，全身抽搐，两腿麻痹，1～2 天内衰竭死亡。

(3) 亚急性型　2 周龄以上的雏鹅表现为亚急性型，以精神委顿、消瘦、拉稀为主要症状，少食、病程长，病死率一般在 50% 以下。有的可自愈，但大部分耐过的鹅在一段时间内都表现为生长受抑制，羽毛脱落。成年鹅人工大剂量接种后也能发病，主要表现为排出黏性稀粪，两脚麻痹，伏地 3～4 天后死亡或自愈。

105. 小鹅瘟有哪些病变？

最急性型病例除肠道有急性卡他性炎症外，其他器官一般无明显病变。急性病例表现为全身性败血变化。心脏变圆，心房扩张，心壁松弛，心尖周围心肌晦暗无光，颜色苍白。肝脏肿大，质脆，呈深紫色或棕黄色，胆囊肿大，充满暗绿色胆汁，脾脏和胰腺充血，部分病例有灰白色坏死点。部分病例有腹水。病死鹅整个小肠黏膜发炎，弥漫性出血，有坏死灶。本病的特征性病变为小肠发生急性卡他性一纤维素性坏死性肠炎，小肠中下段整片肠黏膜坏死脱落，与凝固的纤维素性渗出物形成栓子或包裹在肠内容物表面的假膜（图13、图14），堵塞肠腔，外观极度膨大，质地坚实，状如香肠。剖开栓子，可见中心是深褐色的干燥的肠内容物。有的病例小肠内会形成扁平带状的纤维素性凝固物。亚急性型更易发现上述特有的变化。直肠黏膜轻微出血，内含黄白色稀粪。一些病鹅的中枢神经系统也有明显变化，脑膜及实质血管充血并有小出血灶。

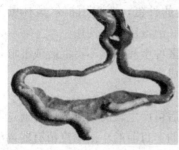
图13 小鹅瘟：肠道膨胀、变硬，肠腔内形成腊肠样栓子

图14 小鹅瘟：小肠黏膜脱落，栓子表面覆盖一层纤维素性坏死假膜

106. 小鹅瘟的传染来源有哪些？

（1）**病雏和带毒成年禽是本病的主要传染来源**　小鹅瘟可发生于雏鹅和雏番鸭，患病雏鹅和雏番鸭可排出大量的病毒。虽然青年和成年禽感染后不表现临床症状，但病毒可在它们体内繁殖并持续排毒。上述病禽、康复后带毒的雏禽和隐性感染的成年禽的排泄物和分泌物污染饲料、饮水、用具和放牧场所等均是传染源。易感雏鹅通过消化道感染。

（2）**污染的孵坊是重要传染来源**　种鹅感染后，虽不发病，但病毒可在其体内繁殖，并随之存在于种蛋内或蛋壳表面的污物中。这些带毒蛋在孵化时，无论是孵出外表正常的带毒雏鹅，或在孵化中的死胚，都能散播病毒，污染孵坊环境，致使雏鹅在出壳后3～5天内大批发病。

107. 如何预防小鹅瘟的发生？

(1) 严格控制从疫区引进种蛋、漂蛋和雏鹅　小鹅瘟主要是通过来自疫区的种蛋、漂蛋和雏鹅而传播的。为防止此病的发生与流行，最好从非疫区无疫情的鹅群中引进种蛋和雏鹅。对来自疫区的种蛋、漂蛋、雏鹅及所用的设备，都要严加清洗、消毒。

(2) 熏蒸消毒　对于当地收购的种蛋，要采用福尔马林熏蒸消毒，孵化和育雏的工具、房舍应彻底消毒后才能使用。

(3) 注意混群与接触　不同地区种蛋和雏鹅不得混孵或混群，刚出壳的雏鹅不要与新引进的种蛋或成鹅接触。

(4) 对鹅群进行免疫接种　免疫方法如下。

①种鹅：种鹅接种小鹅瘟疫苗后可产生较高的抗体，并通过卵黄传递给初生雏，达到保护雏鹅的目的。目前的小鹅瘟疫苗有弱毒活疫苗和灭活苗两种。活疫苗免疫有两种方法。一种方法是于种鹅产蛋前15天左右用1头份种鹅用活疫苗进行皮下或肌肉注射免疫。在免疫后12～100天内，种蛋孵化出的雏鹅带有较高的母源抗体，可抵抗小鹅瘟强毒感染，有较高的保护率。但100天后的种蛋孵出的雏鹅母源抗体水平有所下降，必须对种鹅再次免疫。另一种方法是在种鹅留种时或产蛋前1.5～2个月前用1头份种鹅用活疫苗初免，然后在产蛋前15天左右用5～10头份种鹅用活疫苗二免，雏鹅免疫保护期可延至免疫后5个月。灭活苗可在种鹅产蛋前15～30天使用，每只肌内注射1头份，免疫后15天至5个月内种蛋孵出的雏鹅均具有较高的保护率。

②雏鹅：未经免疫和免疫后期的种鹅所产种蛋孵出的雏鹅，在出炕48小时之内用1头份雏鹅用活疫苗皮下注射免疫。雏鹅免疫后7天内必须严格隔离饲养，以免在未产生免疫力之前感染病毒而发病。

(5) 对雏鹅采用抗小鹅瘟血清也是防治小鹅瘟的一项关键措施
未经免疫和免疫后期的种鹅群所产种蛋孵出的雏鹅，出雏后1～2天内每只皮下注射0.5毫升抗血清，有很好的保护效果；已发病的雏鹅每只注射0.5～1毫升，治愈率约85%；在紧急预防时，每只雏鹅注射 0.5 毫升，也有很高的保护率。必须注意的是，购回的小鹅瘟高免血清应妥善保存，以免失效。

108. 鹅群发生小鹅瘟后有哪些紧急防治措施？

一旦确诊鹅群发生小鹅瘟，首先要立即挑出未出现症状、貌似健康的雏鹅，将它们转移到清洁无污染场地饲养，并且每只皮下注射高效价 0.5～0.8 毫升抗血清。病雏鹅则皮下注射高效价 1.0 毫升抗血清，如用卵黄液应加倍剂量。在血清中可适当加入广谱抗菌药物。

109. 孵坊应采取哪些措施预防小鹅瘟的发生？

（1）种蛋要求 种蛋在入炕孵化之前应先清理蛋壳表面污物，并认真进行消毒处理后再入炕孵化。来自不同鹅群的种蛋应按群分别进行孵化，尤其是免疫种鹅群和非免疫种鹅群的种蛋应分开孵化，避免因混蛋而使得孵出的雏鹅母源抗体不整齐，进而影响雏鹅群的免疫效果。

（2）孵坊消毒 孵坊内的孵化设备、一切用具以及屋内及地面应定期消毒，那些在小鹅瘟流行地区的孵坊尤其要注重消毒。

（3）孵坊污染后的紧急处理方法 孵坊被病毒污染后，每批出炕的雏鹅均有很高的发病率和死亡率。此时，孵坊应立即采取必要的防控措施。种蛋、孵坊及其周围环境、一切用具均要严格消毒；出炕的雏鹅在 48 小时内全部注射高效价 0.5 毫升抗血清或 1.0 毫升卵黄液。

110. 雏鹅使用活疫苗和抗血清应注意哪些事项？

（1）注重质量严防假冒 购买疫苗和抗血清时，应注意其生产厂家和质量，不要使用非正规厂家的产品和假冒伪劣产品。

（2）注重保存和使用方法 小鹅瘟病毒虽然有很强的抵抗力，但活疫苗应在冰冻条件下保存，冻干苗稀释后应当天使用完毕，湿苗稀释后或解冻后应当天使用完毕。

（3）**把握疫苗接种时间**　雏鹅疫苗接种必须在出炕 48 小时之内进行，用 1 头份雏鹅用的活疫苗皮下注射免疫，10 日龄以上雏鹅用活疫苗免疫无多大价值。

（4）**加入适量抗生素**　活疫苗在使用过程中加入适量的抗生素对活苗效果没有影响。

（5）**注意接种方法**　雏鹅群用活疫苗免疫后在未产生免疫力之前感染病毒发病，一般在注射疫苗 48 小时后可用抗血清进行紧急预防，但不应在注射疫苗 48 小时内或同时应用疫苗和抗血清，在注射抗血清数天内也不应用活疫苗注射。

111. 如何诊断小鹅瘟？

根据小鹅瘟的发病特点，结合病鹅出现严重腹泻和神经症状以及小肠有特征性的急性、卡他性、纤维素性、坏死性肠炎的病变可作出初步诊断。确诊需经病毒分离鉴定或病毒特异性抗体检查。

诊断本病时，要注意与下列疾病相区别。雏鹅新型病毒性肠炎的发病特点和病理变化与本病极为相似，必须采用血清中和试验和雏鹅血清保护试验进行鉴别诊断；鸭瘟特征性病变是在食道和泄殖腔出血和形成假膜或溃疡，必要时以血清学试验相区别；禽流感和新城疫以全身黏膜广泛性出血为特征；鹅副伤寒可通过细菌学检查和敏感药物治疗效果来区别；鹅球虫病通过镜检肠内容物和粪便是否发现大量球虫卵囊相区别。

112. 什么是禽流感？禽流感与其他动物流感有什么关系？

流感是一种由流感病毒引起、危及人和禽类的传染性疾病，流感病毒属于 RNA 病毒的正黏病毒科，分为 A、B、C 三个型。其中，B型和 C 型流感病毒主要感染人、猪等，危害性较小；A 型流感病毒则可感染各种动物，包括人及猪、马、各种海洋哺乳动物及禽类。禽流感即是由 A 型流感病毒引起的一种禽类传染病。禽流感病毒感染后表现的临床症状随病毒的毒力而异，可能仅表现轻度的呼吸道和消化道症状，死亡率较低；也可能表现为较严重的全身性、出血性、败血性症状，且死亡率较高。在水禽特别是在鸭、鹅体内存在着多种亚型 A 型流感病毒，它们在水禽的消化道中繁殖。因此，在感染水禽的粪便中含有高浓度的病毒，并通过污染的水源，由粪便—口的途径传播流感病毒。

113. 禽流感病毒的 H 和 N 是什么意思？

H 和 N 都是指病毒表面的蛋白质（糖蛋白），一种糖蛋白叫血凝素（HA），另一种叫神经氨酸酶（NA），由于这两种糖蛋白容易发生变异，因此，根据糖蛋白变异的情况，HA 分为 $H_1 \sim H_{16}$ 十六个不同的型别，NA 分为 $N_1 \sim N_{10}$ 十个不同的型别，其中，H_5 与 H_7 为高致病亚型。

114. 什么是高致病性禽流感？

根据禽流感病毒致病性和毒力的不同，可以将禽流感分为高致病性禽流感、低致病性禽流感和无致病性禽流感。近几年来，包括我国在内的许多国家和地区发生的由 H_5N_1 亚型禽流感病毒引起的禽流感即为高致病性禽流感。高致病性禽流感的发病率和死亡率都很高，危害巨大。禽流感病毒有许多不同的亚型，所有高致病性禽流感病毒均属于 H_5 和 H_7 亚型（以 H_5N_1 和 H_7N_7 为代表），但并不是所有 H_5 和 H_7 亚型毒株都是高致病性的。

115. 高致病性禽流感的潜伏期有多久？在潜伏期能传染吗？

禽流感的潜伏期从数小时到数天，最长可达 21 天。潜伏期的长短受多种因素的影响，如病毒的毒力、感染病毒量、禽体抵抗力、日龄大小和品种、饲养管理情况、营养状况、环境卫生及应激因素的影响等。高致病性禽流感的潜伏期短，发病急剧，发病率和死亡率很高。在潜伏期内有传染的可能性。

116. 禽流感的传播途径是什么？

禽流感的传播有病禽与健康禽直接接触和病毒污染物间接接触两种。禽流感病毒存在于病禽和感染禽的消化道、呼吸道和禽体脏器组织中。因此，病毒可随眼、鼻、口腔分泌物及粪便排出体外，含病毒的分泌物、粪便、死禽尸体污染的物体，如饲料、饮水、禽舍、空气、笼具、饲养管理用具、运输车辆、昆虫以及各种携带病毒的鸟类等均可机械性传播。健康禽可通过呼吸道和消化道感染，引起发病。候鸟（如野鸭）的迁徙可将禽流感病毒从一个地方传播到另一个地方，通过污染的环境（如水源）等可造成禽群的感染和发病。带有禽流感病毒的禽群和禽产品的流通可以造成禽流感的传播。目前的证据表明高致病性禽流感不会经蛋传播。但也有研究结果表明，实验感染禽的蛋中有流感病毒，因此，不能完全排除垂直传播的可能性。感染和发病鹅的种蛋不能用作孵化。

117. 禽流感病毒易感动物的种类有哪些？鹅也会感染禽流感吗？

许多家禽和野禽、鸟类都对禽流感病毒敏感，并从其体内分离出病毒。在自然条件下，家禽中除鸡、鸭、鹅、火鸡为最常受感染的禽种外，珍珠鸡、鹌鹑、雉鸡、鸽、鹧鸪、鹦鹉、虎皮鹦鹉、天鹅、燕鸥、野鸭、鹭、海岸鸟和海鸟等野禽和野生水禽也可感染。此外，从燕八哥、石鸡、麻雀、乌鸦、寒鸦、矶鹬、鹈鸪、鸽、椋鸟、岩鹧鸪、燕子、苍鹭、加拿大鹅及番鸭等多种鸟体内也分离到流感病毒。据报道，已发现带毒的鸟类达88种。鼠类不能自然感染流感病毒。

过去普遍认为鹅、鸭等水禽是禽流感病毒的天然宿主，对禽流感具有较好的耐受性，一般不会引起急性感染，更少见死亡病例。但近年来由于禽流感病毒基因变异，部分毒株越来越呈现出对水禽具有明显的致病性。自1999年以来，已出现多起水禽发生高致病性禽流感病例，发病率和死亡率均很高，打破了"水禽仅为流感病毒的携带者而不发病死亡"的传统认识。现在的观念认为，水禽不仅是禽流感病毒的巨大贮存库，且其本身也已成为对禽流感病毒高度易感的自然感染发病、死亡的禽类。特别是 H_5N_1 亚型高致病性禽流感病毒不但可以感染鹅并引起小鹅较高的死亡率，而且还会造成母鹅的产蛋下降和不同程度的死亡。因此，鹅既是对禽流感病毒高度易感的自然感染发病、死亡的禽类，也是可横向传染陆生禽类而成为禽流感的传染源，这是目前应高度重视的一个问题。

$118.$ 高致病性禽流感的流行特点是什么？为什么高致病性禽流感多发生于冬春季节？

鹅的高致病性禽流感一年四季皆可发生，但在冬季和春季多发，尤其集中在每年 11 月至次年 4～5 月期间，当天气骤然转冷后回暖的头几天或连绵阴雨时期，往往突然发病。各种品种和不同日龄的鹅都会感染，尤以 1～2 月龄的幼鹅最易感。高致病性禽流感发病急、传播快。发病率和死亡率很高，其致死率可达 100％。传染途径主要是经粪—口途径水平传播（媒介包括飞沫、饮水、饲料、粪便和其他一切被污染的物品），尚未证实垂直传播途径。

高致病性禽流感多发于冬春季节的主要原因是：

第一，禽流感病毒对温度比较敏感。病毒对低温抵抗力较强，但随着环境温度的升高，病毒存活时间缩短。另外，夏秋时节光照强度相对更高，阳光中的紫外线对病毒有很强的杀灭作用。

第二，夏秋时节禽舍通风强度远远高于冬春季，良好的通风可以大大减少禽舍环境中病毒的数量。因此，病毒侵入禽体内的机会和数量就明显减少，感染概率下降。同时，良好的通风也减少了不良气体对禽呼吸道黏膜的刺激，对维持呼吸道黏膜的抵抗力具有重要意义。

$119.$ 鹅高致病性禽流感主要有哪些临床表现？

鹅高致病性禽流感无特定临床症状，表现为突然发病，传播迅速，同时伴随大量死亡。发病时鹅群中先有个别几只出现症状，1～2

天后波及全群。病程长短不一，雏鹅 2～4 天，青年鹅和成年鹅 4～9 天。病鹅短时间内体温升高，食欲废绝，但饮水。羽毛松乱、黏湿。精神高度沉郁，委顿、呆立，喜卧地、不愿下水。多数病鹅站立不稳，两腿发软，卧地不起，或后退倒地。眼眶湿润，眼睑和结膜潮红或出血、高度水肿，眼周羽毛有分泌物，红眼、流泪，甚至流出血性分泌物。后期可见眼角膜浑浊呈灰白色，造成单侧或双侧盲眼。鼻腔充满黏性分泌物，鼻孔流血。头面部和颈部肿胀，皮下水肿。拉稀，排白色、灰黄色或青绿色粪便。有的呼吸困难，部分病禽的喙和脚呈紫色。病程稍长的病例往往出现跛行和曲颈斜头、身体左右摇摆等神经症状，病重者卧地衰竭而死。产蛋鹅的产蛋率急剧下降，破蛋、小蛋增多，种蛋的受精率和孵化率下降，一般在发病后 2～5 天内停止产蛋，鹅群绝蛋。

120. 鹅高致病性禽流感有哪些病理变化？

鹅高致病性禽流感主要表现为急性出血性败血症病变。病、死鹅全身皮肤毛孔充血、出血，皮下水肿。头部皮下出现大量胶冻样渗出物，眼眶内也有纤维素性渗出物。喉头、气管充血、出血。肺淤血、出血。脑壳、脑膜和脑组织充血、出血。腺胃乳头、腺胃肌胃交界处及肌胃角质膜下有出血点或出血斑。肠黏膜充血、出血，泄殖腔红肿、出血。胰腺肿胀，有出血斑和坏死灶，呈花斑状。胸腺水肿或萎缩、出血。肝、脾、肾肿大、淤血、出血。心肌坏死，出现白色条纹。产蛋母鹅腹腔中有破裂的卵泡，卵巢充血、出血。有些鹅肠壁上有纤维素性坏死性病变，呈小点状和糠麸样，有些大的如花蕾或纽扣状，突出于黏膜表面，脱落则形成溃疡。另外，禽流感病例中多伴有纤维素性心包炎、肝周炎、气囊炎、腹膜炎等病变。

121. 鹅禽流感与新城疫有何区别？

鹅禽流感与新城疫是临床上最易混淆的两种疾病，两者的主要区别在于：一是它们的病原是完全两种不同的病毒。禽流感病毒属于正黏病毒科，新城疫病毒属于副黏病毒科；二是禽流感表现出"急、快、高"的特点，即发病急、传播快、发病率和死亡率都很高，而新城疫的潜伏期比高致病性禽流感要长一些，发病率和死亡率也相对较低。

122. 鹅高致病性禽流感的发生与品种、年龄、性别有关吗？

各种品种和日龄的鹅均可感染发病死亡。雏鹅的发病率可达100%，数天内死亡率可达90%以上；其他日龄的鹅发病率一般为60%～100%，死亡率为40%～80%；产蛋种鹅发病率几乎100%，死亡率为40%～80%。尚未发现高致病性禽流感的发生与鹅性别有关。

123. 禽流感病毒抵抗力强吗？

总的来说，禽流感病毒对外界环境的抵抗力不强，对高温、紫外线、各种消毒药敏感，容易被杀死。病毒在70℃经几分钟即能被灭活。一般消毒药能很快杀死病毒，但存在于有机物如粪便、鼻液、泪水、唾液、尸体中的病毒能存活很长时间。严重污染的粪便是控制禽流感的主要问题，特别要强调的是禽流感病毒可在自然环境，尤其是在凉爽和潮湿的条件下可存活很长时间，如粪便和鼻腔分泌物中的病毒，其传染性在4℃可保持30～35天，20℃保持7天。病毒在污染的水源中，在低温条件下可长期存活，一旦健康禽与病禽粪便污染的环境和水源接触，便可引起发病。

124. 鹅禽流感如何诊断？

根据疾病的流行特点，以及病鹅临床症状和病理变化可以对本病作出初步诊断。但确诊必须经过实验室诊断。目前常用的方法包括有：

（1）病毒分离 采集病死鹅的喉头或泄殖腔拭子，以及肝脏、脾脏、肺脏、胰脏、脑等脏器，除菌后，接种9～11日龄无特定病原

（SPF）鸡胚尿囊腔，进行病毒分离。

（2）血清学试验 采集非免疫病鹅的血清进行血凝抑制试验（HI）。

（3）分子生物学方法 采集病死鹅拭子或组织样品抽提病毒核酸，通过反转录—聚合酶链式反应（RT-PCR）方法对病毒的保守基因进行检测等。

其他一些方法，如酶联免疫吸附试验、荧光定量 PCR、寡核酸芯片、地高辛标记 cDNA 探针杂交法等一系列高新技术也被用于禽流感的诊断。

需要指出的是，上述方法都有各自的优缺点，综合运用几种方法才能将误诊的概率降到最低。例如，非免疫鹅群感染高致病性禽流感后往往病程较急，多数等不到产生抗体已经大量死亡，这时仅仅依靠血凝抑制试验就容易出现偏差。又比如，分子生物学方法具有灵敏、快速的优点，但可能出现样品污染和假阳性问题。

鹅的禽流感在临床上容易和小鹅瘟、鹅新城疫混淆，而这些病的处理措施截然不同。鉴于禽流感已被列为 A 类动物传染病，对该病的诊断一定要非常慎重，应严格按照国家和农业部颁布的各项诊断技术标准来执行。目前，国内外普遍接受的感染阳性判定方法还是分离病毒，但这项工作很危险，必须在国家指定的、具有资质的生物安全实验室中进行，一般单位和个人严禁从事这项工作，否则将违反国务院新颁布的《病原微生物实验室生物安全管理条例》。

125. 禽流感如何治疗？

目前对禽流感还没有切实的特异性治疗方法。

一旦确诊鹅发生禽流感，一般不进行治疗，而是按照国家有关规定，对鹅群采取封锁、扑杀、尸体深埋等措施。

126. 在鹅禽流感防治工作中应注意哪些问题？

对于鹅的禽流感的防制，必须做好以下几方面的工作：

（1）采取紧急有效措施，防止疫情进一步扩散 禽流感是A类动物烈性传染病，一旦发现可疑病例，应立即按法定程序尽快向上级兽医部门汇报，以便及时采取有效措施，包括划定疫点和疫区、隔离、封锁、扑杀、消毒、紧急免疫接种等，防止疫情进一步扩散。

（2）严格封锁，强制免疫 按照我国的有关规定，对于发生高致病力禽流感的疫点及其周围3千米范围内的疫区必须严格封锁，扑杀所有禽只，并将病死禽、被扑杀禽及其产品、排泄物、被污染垫料和饲料等进行严格的无害化处理，如深埋、焚烧、堆沤发酵等。对疫区周围5千米范围内的受威胁区，所有易感禽只必须进行紧急强制免疫。待最后一只家禽被扑杀后满3周且经严格检疫验收后才能解除疫区封锁。

（3）净化卫生环境，提高鹅群抵抗力 平时认真做好常规卫生防疫工作，净化环境，提高鹅群抵抗力。①做好经常性的消毒和对栏舍、运动场、水塘等的定期消毒，在流行季节，必须做到每天一次。对进入养禽场的车辆及物品也要彻底消毒。②坚持自繁自养或从健康无病原感染的种鹅场购进雏鹅。③坚持全进全出的饲养模式。④避免将鹅与其他品种的家禽混群饲养，不同养殖户的鹅群也要避免交叉放牧，要有供本场鹅群专用的水塘和运动场。⑤加强饲养管理，给鹅提供充足全面的营养，提高机体抵抗力。⑥坚持执行常规免疫程序，避免发生小鹅瘟、新城疫、鸭瘟等其他传染病。⑦发病或感染死亡的鹅一定要做无害化处理，严禁食用，更不可到市场上出售或随意丢入池塘、河道。

（4）加强免疫接种工作 对所有鹅群接种禽流感疫苗，接种同亚型的灭活油乳剂疫苗对禽流感的感染有较好的保护作用，尤其能有效地预防和控制高致病力禽流感的暴发，避免禽群发生毁灭性的死亡和大量减蛋。

（5）普及禽流感有关知识 提高养禽（鹅、鸭、鸡等）场、市场销售、检疫等所有从业人员对禽流感的认识及防治水平和能力。平时建立好疫情预警和应急处理系统，作好应付重大疫情暴发的人、财、物等方面的准备。

127. 禽流感免疫工作中应注意哪些问题？

为保证免疫效果，应着重考虑以下几个问题：

（1）疫苗的选择 应使用国家指定兽用生物制品厂生产的合格产品。因为，禽流感病毒变异很大，即使同亚型的病毒，其致病力、生长特性和免疫原性也不尽相同，所以选择合适的种毒，采用适宜的种毒繁育方法、灭活条件和乳化工艺对于生产出高效、安全的禽流感灭活油乳剂疫苗至关重要。而正规生产企业的产品都经过国家有关部门的严格审核，用户完全可以放心使用。另外，使用合法产品将在售后服务和产品质量上得到足够保障，发生疫情的风险可降至最低。

（2）免疫程序和方法 雏鹅一般在 5～7 日龄时首免，每只 0.3 毫升。25～30 日龄二免，每只 0.5～1 毫升。以后每隔 3 个月接种一次，每只 1～3 毫升。开产前还应再做一次免疫。进入开产期后还要坚持免疫，但最好避开产蛋高峰期，并适当减少免疫剂量，否则容易造成产蛋率短期下降的不良影响。接种部位一般选在颈部、胸部，接种方式为皮下或肌内注射。

（3）注意免疫不良反应和免疫效果 鹅接种疫苗后，可能会出现精神沉郁或产蛋率轻微下降等不良反应，但持续时间往往不长。如果发生接种部位溃烂、应激反应强烈、免疫后无抗体产生或抗体滴度不高、再发病等现象，则需要对原因进行深入分析，疫苗、免疫方法、饲养管理等诸多因素均有可能影响到免疫效果。此外，鹅群免疫后，还要定期检测抗体水平，当抗体滴度低于临界保护值时，应及时再次免疫。有报道说，采用鸡红细胞和鹅红细胞检测鹅禽流感抗体滴度时，结果有些差异。所以最好选择鹅的红细胞或对被检血清先进行非特异性抑制因子处理后再进行血凝抑制试验，以便获得更准确的检测结果。

128. 何为鹅新城疫？

鹅新城疫又称鹅副黏病毒病、鹅副黏病毒感染，是由新城疫病毒引起的一种高发病率、高死亡率的烈性传染病。该病于 1997 年夏始发于我国江苏、广东等地区的鹅群。由于传统理论认为，水禽可携带新城疫病毒，但不发病，即使是强毒感染也不表现明显临床症状。因此，有许多学者认为，该病是由不同于新城疫病毒的禽Ⅰ型副黏病毒引起的。此后的深入研究证实，该病的病原实际上就是属于基因Ⅶ型的新城疫病毒强毒。

新城疫病毒属于副黏病毒科禽腮腺炎病毒属，基因组为无节段的单股负链 RNA。病毒有囊膜，表面有密集的纤突结构，主要含两种成分，即血凝素—神经氨酸酶蛋白（HN）和融合糖蛋白（F），它们与病毒的毒力直接相关，也是诱导中和抗体产生的主要免疫原蛋白。病毒对鸡、鸭、鹅、鸽、小鼠、绵羊、牛蛙、蛇、山羊和人 O 型红细胞均有凝集作用，但不凝集驴红细胞。利用这一特点可以进行病毒检测和免疫效果监测。本病毒只有一个血清型，但不同毒株之间的毒力明显不同，抗原性之间也有细微差异。

129. 鹅新城疫有哪些流行特点？有哪些症状？

本病一年四季均可流行，但以冬季最为严重。其宿主谱很广，除鹅外，还包括鸡、鸽、山鸡、鹧鸪、番鸭、鹌鹑等。各种日龄的鹅均可感染发病，但以幼龄鹅的发病率及死亡率最高。传染途径主要是飞沫、饮水及被病毒污染的物品。另外，污染的种蛋和孵坊也是传染本病的重要环节。从疫区引进带毒的健康鹅，往往是发生本病的重要原因。

鹅感染新城疫后一般在 3~5 天内发病，病程一般为 2~5 天，小日龄鹅为 2~3 天，大日龄鹅病程稍长，为 4~10 天。病鹅临床表现为精神沉郁，眼有分泌物。体重减轻，行动无力，站立不稳，继而卧地不起，或浮于水面，随水漂流。食欲减退或废绝，但饮水量增加。发病初期排灰白色稀粪，稍后排出呈暗红、灰黄或青绿色水样粪便。一些病鹅后期出现运动失调、头颈扭曲、转圈等神经症状。

130. 鹅新城疫有哪些病变？

由于鹅副黏病毒是一种泛嗜性病毒，胃肠黏膜上皮和淋巴组织是其主要侵嗜部位，因此，本病主要呈败血症过程。病鹅呼吸困难，有啰音。剖检可见腿肌、胸肌、眼结膜、泄殖腔黏膜充血、出血。食道黏膜与腺胃交界处有出血点或出血斑，腺胃和肌胃黏膜出血（图15）。肠道黏膜广泛出血、坏死、溃疡（图16）。肠道有大小不等的痂块，突出于黏膜表面，剥除痂块可见出血性溃疡，状如菜花（图17）。胰腺肿大，有灰白色的坏死点或坏死斑（图18）。脾脏肿大、淤血、有大量芝麻大到绿豆大小的淡黄色坏死灶（图19）。心肌变性，有的心包积液。后期有的病例胆囊上出现坏死灶。表现神经症状的病例脑充血、出血、水肿。

图15　鹅新城疫：食道黏膜与腺胃交界处有出血点或出血斑

图16　鹅新城疫：肠道黏膜广泛出血、坏死、溃疡

图17　鹅新城疫：肠道有大小不等的痂块，突出于黏膜表面，剥除痂块可见出血性溃疡

图18　鹅新城疫：胰腺肿大，有灰白色的坏死点或坏死斑

图 19　鹅新城疫：脾肿大，有许多
淡黄色的坏死灶

131.　鹅新城疫如何诊断？

根据流行病学、临床症状和病理变化可对鹅新城疫做出初步诊断。该病是鹅的一种新发生的传染病，人们对其还缺乏充分的了解，尤其是雏鹅发病后，在基层常被误诊为禽流感或小鹅瘟而贻误防治时机，给养殖户造成严重经济损失。实际上，这几种病的临床表现还是有所区别的。禽流感的发病率和死亡率均较高，小鹅瘟有特征性小肠腊肠样栓子等病变。但仅凭临床经验还不足以对该病作出明确诊断，必须通过病毒分离，采用红细胞凝集（HA）和红细胞凝集抑制（HI）试验等方法进行病原鉴定后确诊。目前，采用分子生物学方法对病原特异性基因进行检测也已经常用于该病的诊断。

132.　鹅新城疫有哪些防制措施？

鹅新城疫的一般防制措施，如安全引种、合理放牧、全进全出、加强消毒等可以参考防范禽流感的做法。目前尚无对新城疫病毒有特效的药物，最有效的预防手段是采用疫苗对易感鹅群进行免疫接种。在无商品化针对该病的专用疫苗以前，通常采用常规鸡新城疫疫苗对鹅群进行免疫，对该病也有较好的临床保护效果。具体免疫方法是：1～2周龄时每只鹅用2羽份鸡新城疫Ⅳ系活疫苗（La Sota株）饮水

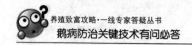

或滴鼻点眼初免，2～3周后用2～5羽份鸡新城疫油乳剂灭活疫苗（La Sota株）二免，开产前再酌情用油乳剂灭活疫苗加强免疫一次。

近年来，我国已成功研制出与当前流行的基因Ⅶ型新城疫病毒株匹配的"重组新城疫病毒（A-Ⅶ株）灭活疫苗"，用于鹅和鸡新城疫的免疫预防。该疫苗免疫效力显著高于La Sota株疫苗，不仅可产生坚强的临床保护，还可显著降低排毒量。其用法与此前使用的鸡新城疫油乳剂灭活疫苗（La Sota株）基本相同。

鹅新城疫也属于烈性传染病。一旦发生该病，应立即通报兽医防疫部门，并在其指导下迅速隔离病鹅，对周围易感鹅群进行紧急疫苗接种，对全场进行彻底清理和消毒，对病死鹅及相关产品、污染物进行深埋等无害化处理。

133. 鹅鸭瘟的病原是什么？

鸭瘟又称鸭病毒性肠炎，是鸭、鹅等雁形目禽类（主要为水禽）的一种急性、热性、败血性传染病，该疫病流行广泛，传播迅速，发病率和死亡率高，常造成严重的经济损失。其病原为由鸭疱疹病毒Ⅰ型，习惯上称之鸭瘟病毒，系疱疹病毒科的成员。该病毒只有一个血清型，各地分离的毒株抗原性基本一致，但致病性有所差异。近年来一些地区分离的毒株对鸭的致病性有所下降，而对鹅的致病性却有所增强。病毒存在于患禽全身组织器官和分泌物中，对外界环境因素的抵抗力较强，对热、干燥、直射阳光及一般消毒药如75％酒精、0.5％石炭酸、0.5％漂白粉与0.5％生石灰敏感。

134. 鹅鸭瘟有哪些流行特点？

在自然条件下，本病仅发生于鸭、鹅及野生水禽，主要发生于中、成年禽。其他家禽和家畜未见发病。鸭和鹅对本病的易感性有差异，鸭较鹅敏感。近年来，鹅鸭瘟的发病率不断上升，呈现出一定的流行性，而鸭群发病率反而明显下降。不同年龄、品种、性别的鹅均可发病，以15～50日龄的鹅易感性高，死亡率达80％左右。成鹅发病率和死亡率随环境条件而定，一般在10%左右，但在疫区可高达90%～100%。本病常与禽霍乱、禽流感、新城疫等疫病混合感染。

病鸭、病鹅及其他带毒水禽是本病的传染源。与病禽直接接触和与污染环境间接接触是本病的传播途径。被污染水源、河湖水体以及饲料、饮水、用具等均是本病的传播媒介。鹅主要通过消化道途径感染，也可通过呼吸道、眼结膜和吸血昆虫叮咬等途径感染。

本病的发生和流行无明显季节性，但以春夏之际和秋冬流行最为严重，呈地方性流行或散发。

135. 鹅鸭瘟有哪些症状？

病鹅体温升高至42～43℃，呈稽留热。精神不振，羽毛松乱，不愿下水，呆立。行动困难，双翅下垂，行走无力，卧地不起。食欲减退或废绝，饮水增加。大部分病鹅头颈明显肿大，呼吸困难，眼肿大，故俗称"大头瘟"。眼睛流泪，有浆液性分泌物，出现湿眼圈现象，部分单侧性角膜混浊。鼻腔流出大量浆液、黏液性分泌物，呼吸困难，常仰头、咳嗽。下痢，排绿色或白色稀粪，粪中带血，腥臭。患病公鹅的阴茎不能收回。倒拎病鹅时，可从口中流出绿色发臭的黏稠液体。部分病鹅死前出现全身震颤，发病2～7天后出现死亡。鹅群的产蛋量明显下降，且畸形蛋增加。随着死亡率的上升，可减产70%以上，甚至完全停产。

136. 鹅鸭瘟的病理变化有哪些？

病鹅全身浆膜、黏膜、皮肤有出血斑块，眼睑肿胀、充血、出血并有坏死灶。颈部皮下结缔组织出现弥漫性炎性水肿。头颈部肿胀的病鹅，切开肿胀部位皮肤流出黄色透明液体。实质器官严重变性，特别是消化道黏膜的炎症和坏死很有特征。口腔及食道有灰黄色、糠麸样假膜覆盖（图20、图21、图22），剔除后其下面是浅表溃疡和出血点（部分形成出血条带或出血斑）或在黏膜上散在有大小不一的出血点或溃疡。食道膨大部与腺胃交界处呈现环状色带或黄色假膜，假膜下是出血斑或溃疡。腺胃黏膜上有斑点状出血，有时在与食道膨大部交界处或与肌胃交界处出现一灰黄色坏死带或出血带。肌胃角质膜下层充血或有出血斑点；肠道弥漫性出血，尤以十二指肠为甚。小肠集合淋巴滤泡肿胀坏死或形成纽扣状固膜性坏死，黏膜表面覆盖有不易剥离的灰绿色坏死结痂（图23），用刀刮有磨砂感。直肠后段斑驳状出血或形成连片的黄色假膜。泄殖腔充血、出血、水肿、溃疡，溃疡处常有绿色痂皮状物被覆且不易剥离（图24）。心脏冠状脂肪有针头状出血点，心内外壁均有出血点；肝脏淤血肿大，表面有大小不等的灰黄或白色坏死灶，有些坏死灶中间有小点出血，或坏死灶被一出血环所包围（图25）。脾不肿大，呈斑驳状变性；法氏囊水肿、出血等。

图20　鹅鸭瘟：口腔及咽部黏膜坏死，表面有黄色斑点状或斑块状坏死性假膜

图21　鹅鸭瘟：食道黏膜有黄白色坏死灶，呈条带状分布

图22　鹅鸭瘟：食道黏膜坏死，表面有褐色斑块状坏死性假膜

图23　鹅鸭瘟：肠道黏膜多处淋巴滤泡坏死，形成纽扣状黄白色坏死灶

图24 鹅鸭瘟：泄殖腔黏膜
坏死，表面有黄白色
坏死性假膜

图25 鹅鸭瘟：肝脏表面
出血，并有淡黄或
灰白色坏死灶

137. 鹅鸭瘟如何诊断？如何预防？

根据疫病流行特点、临床症状（肿头、流泪）和病理变化（消化道黏膜出血、坏死、溃疡，肝脏坏死、出血等）可作出初步诊断。临床上应注意与禽霍乱、禽流感和新城疫作鉴别。确诊需进行病原分离和鉴定。

目前，本病尚无特效治疗药物，主要是依靠平时采取综合性预防措施，控制该病发生。

（1）不从疫区引进种鹅和鸭 引进的鹅、鸭应隔离饲养一段时间，经检疫观察无病后，方能混群饲养。

（2）鹅与鸭分群饲养 尽量少放牧，放牧时应避免与鸭在同一水域放牧，防止疫病相互感染。

（3）加强饲养管理，严格执行卫生消毒制度 平时保持运动场、鹅舍、用具及水池清洁卫生，定期用2％火碱、0.5％百毒杀等消毒药物消毒。避免鸭瘟病毒污染各种用具物品、运输车辆及工具等。

（4）免疫接种 受威胁区、疫区的鹅，必须采用疫苗进行免疫接种。注意在使用鸭瘟疫苗时，鹅的剂量应是鸭的5～10倍，种鹅则要加大到15～20倍。建议免疫程序为：15～20日龄首免，剂量为10羽份/只；30～35日龄二免，剂量为15～20羽份/只；产蛋前三免，剂量为20～30羽份/只。

138. 鹅发生鸭瘟后可采取哪些紧急防治措施?

一旦确诊鹅群发生鸭瘟后,必须迅速采取严格封锁、隔离、消毒、焚尸及紧急接种等综合防治措施。对鹅舍及运动场进行彻底清洁消毒,同时视发病情况,立即对鹅群进行紧急接种大剂量(20~40羽份/只)的鸭瘟疫苗。15 日龄以下鹅用 20 羽份/只,15~30 日龄鹅用 30 羽份/只,30 日龄鹅用 40 羽份/只。免疫时,先注射外观精神良好的假定健康群,注射一只鹅换一个针头。

对发病鹅采取一些治疗措施。多喂青料,少喂粒料。用口服补液盐代替饮水,连饮 4~5 天。在饲料或饮水中适当添加一些维生素和广谱抗生素,以增强抗病力,并预防和控制继发细菌感染。

139. 雏鹅新型病毒性肠炎的病原是什么?

雏鹅新型病毒性肠炎于 1997 年在我国首次发现,是雏鹅的一种卡他性、出血性、纤维性渗出及坏死性肠炎,其临床症状和病理变化与小鹅瘟非常相似。通过对该病的病毒分离、鉴定、病原学特性的研究,证实雏鹅新型病毒性肠炎是一种不同于小鹅瘟的新的传染病,其病原初步确定是一种腺病毒。目前,从各地分离的血清型只有一个,且抗原性一致。病毒呈球形或椭圆形,无囊膜,直径 70~90 纳米,在氯化铯中浮密度为 1.32 克/厘米^3。对鸡、鸭、鹅、鸽、黄牛、水牛及猪的红细胞无血凝性。对氯仿处理不敏感。病毒于 -15℃和 0℃至少可以分别保存 36 和 20 个月;37℃ 45 天、45℃ 48 小时、56℃ 5 小时、60℃ 1 小时不影响病毒对细胞的致病变能力和对雏鹅的致病性;80℃ 5 分钟和煮沸(96℃)10 秒钟可以使病毒失活。pH1.0 和 pH10.0 处理 1 小时可使病毒失活,pH2.0 和 9.0 可使病毒滴度有所下降,pH3.0 和 8.0 对病毒的感染性没有影响。该病毒感染成年鹅和雏鹅后均不产生琼扩抗体。

140. 雏鹅新型病毒性肠炎有何流行特点?

本病主要发生于 3～30 日龄的雏鹅,10～18 日龄的鹅多发,死亡率为 25%～100%。种蛋孵出的小鹅自 3 日龄以后开始发病,5 日龄开始死亡,10～18 日龄达到高峰期,30 日龄以后基本不发生死亡。10 日龄以后发病死亡的雏鹅有 60%～80%的病例在小肠段有典型的类似于小鹅瘟的"香肠样"病理变化,所以该病常被误认为是小鹅瘟。但种鹅在产蛋前用小鹅瘟弱毒疫苗免疫的后代雏鹅仍然发病,抗小鹅瘟高免血清对该病也没有预防和治疗作用。该病无论是自然发病还是人工感染,其死亡高峰期都集中在 10～18 日龄。本病多发生在春夏季节,秋冬季节较少发生。

141. 雏鹅新型病毒性肠炎有哪些临床症状?

雏鹅新型病毒性肠炎自然感染潜伏期 3～5 天,人工感染潜伏期大多为 2～3 天,少数 4～5 天。人工感染时,雏鹅一般于第 4 天开始死亡,第 10～18 天为死亡高峰期,至 25 天全部死亡。鹅群早期表现为不活跃,食欲不佳,精神萎靡不振,叫声不洪亮,羽毛松乱,两翅下垂,嗜睡,排稀粪。后期呼吸困难,食欲基本废绝,排水样稀粪,夹杂有黄色或黄白色黏液样物质,部分雏鹅排出的粪便呈暗红棕色。肛门周围的羽毛打湿,沾满粪便。病鹅行走摇晃或站立不稳,间隙性倒地抽搐,两脚朝天乱划,最后消瘦、极度衰竭,昏睡而死,死亡鹅多有角弓反张状。耐过的鹅生长发育迟缓。

自然感染时通常可见最急性、急性和慢性型三种类型。

最急性型:病例多发生在 3～7 日龄雏鹅,常常没有前驱症状,一旦出现症状即极度衰弱,昏睡而死,或临死前倒地乱划,迅速死亡。病程几小时至 1 天。

急性型:病例多发生在 8～15 日龄的雏鹅。病初鹅表现为精神沉郁,食欲减退,随群采食时往往将所啄之草丢弃。随着病程的发展,病鹅掉群,行动迟缓,嗜睡不采食,但饮水似不减少。继而出现腹

泻，排出淡黄绿色或灰白色或蛋清一样的稀粪，常混有气泡，恶臭。病鹅呼吸困难，鼻孔流出少量黏性分泌物，喙端及边缘色泽变暗。临死前两腿麻痹不能站立，以喙触地，昏睡而死，或临死前出现抽搐而死，病程3～5天。

慢性型：病例多发生于15日龄以后的雏鹅。主要临床表现为精神萎靡、消瘦、间隙性地腹泻，最后因消瘦、营养不良和衰竭而死。部分病例能够幸存，但生长发育不良。

142. 雏鹅新型病毒性肠炎有哪些病理变化?

雏鹅新型病毒性肠炎的病变主要在肠道，其病理学特征为小肠黏膜的出血和形成凝固性栓塞物阻塞肠腔。病死鹅小肠各段明显充血和出血，黏膜肿胀，黏液增多。最特征性的病变是在小肠中有凝固性栓子，类似"香肠样"病变（与小鹅瘟相似）。栓子大致可分两类：一类粗大，质地坚密，充满肠腔，横切或纵切后，可见到两层结构，外层为坏死组织和纤维素性渗出物混杂凝固形成的0.5～1.0毫米厚的假膜，呈干燥灰白色，中央则是干燥密实的肠内容物；另一类栓子则由坏死肠组织和纤维素性渗出物凝固而成，其直径小，呈细圆条状，长度可达30厘米以上。一、二类栓塞物与肠壁不发生粘连。病初栓子直径较小，直径约0.2厘米，长度可达10厘米左右。随着病程时间的延长，栓子越来越长，有的可达30厘米以上，直径可达0.5～0.7厘米，使小肠外观膨大，比正常大1～2倍，肠壁菲薄。没出现栓子的肠段严重出血，黏膜面成片染成红色。此外，还可见病鹅皮下充血、出血，胸肌和腿肌出血呈暗红色，有的心外膜充血或有小出血点，肝脏淤血呈暗红色，有小出血点或出血斑，胆囊明显肿胀，扩张，体积比正常大3～5倍，胆汁充盈，呈深墨绿色，肾脏充血或轻微出血，呈暗红色。

143. 如何诊断雏鹅新型病毒性肠炎?

雏鹅新型病毒性肠炎的流行特点、临床症状、病理变化甚至组织学变化等与小鹅瘟非常相似，难以区别，需要通过病毒学及血清学等实验室手段进行区别诊断。目前，常用的雏鹅新型病毒性肠炎实验室诊断方法是血清学中和试验和雏鹅血清保护试验。尤其是在产蛋前已用小鹅瘟弱毒疫苗免疫过的种鹅后代发病，或抗小鹅瘟高免血清对该病无预防和治疗作用时，应怀疑该病的发生。

144. 雏鹅新型病毒性肠炎如何预防和治疗？

平时应注意不从疫区引进种蛋、雏鹅和成年种鹅。有该病的地区则采用疫苗或高免血清进行预防。

（1）疫苗免疫接种

①种鹅：开产前使用"雏鹅新型病毒性肠炎—小鹅瘟二联弱毒疫苗"，进行两次免疫，在5～6个月内能够使后代雏鹅获得母源抗体的保护，不发生雏鹅新型病毒性肠炎和小鹅瘟，这是预防该病最为有效的方法。

②雏鹅：1日龄时，使用"雏鹅新型病毒性肠炎弱毒疫苗"口服免疫，3天即可产生部分免疫力，5天可产生100％免疫保护。

（2）高免血清预防 在该病发生的地区，如种鹅未经疫苗免疫或处于免疫后期，雏鹅出壳后就使用"雏鹅新型病毒性肠炎高免血清"或"雏鹅新型病毒性肠炎—小鹅瘟二联高免血清"进行皮下注射，0.5毫升/只，可预防此病的发生。

目前，对雏鹅新型病毒性肠炎尚无有效的治疗药物。一旦确诊雏鹅发生该病后，除采取相应的隔离、消毒措施外，立即按1.0～1.5毫升/羽的剂量皮下注射"雏鹅新型病毒性肠炎高免血清"或"雏鹅新型病毒性肠炎—小鹅瘟二联高免血清"，治愈率可达60％～100％。另外，鹅发病后，肠道往往会继发其他细菌感染，故在使用血清进行治疗时，可适当配合使用广谱抗生素、电解质、维生素C、维生素K_3等药物进行辅助治疗，可获得良好的效果。

145. 什么是鹅传染性法氏囊病？

鹅传染性法氏囊病又称鹅腔上囊病，经血清学和病毒特性研究证

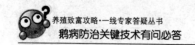

明本病是由鸡传染性法氏囊病病毒引起的雏鹅的一种急性、高度接触性传染病。

鸡传染性法氏囊病病毒的自然宿主为鸡和火鸡。自 1957 年国外发现本病以来至今无鹅自然感染病例的报道。我国自 1979 年报道鸡传染性法氏囊病发生至 1991 年间无鹅感染病例，但自 1992 年后，有数起鹅传染性法氏囊病的报道，但未见有大规模流行发生。这数起病例，主要发生于 3～6 周龄鹅，以 4～5 周龄雏鹅发病率和病死率最高，发病率 10%～100%，病死率 5%～50%，这与鹅群的病毒感染强度及有无并发疾病有关。各种品种雏鹅均有易感性。患病鹅群均与患传染性法氏囊病的鸡有密切接触史，尤其是鹅鸡混养，或鹅群中饲养了部分鸡，当鸡发病时引起雏鹅群感染发病。用病鹅的病原分离物接种易感鹅，其症状和病变与自然病例相同；接种易感鸡，其症状和病变与鸡传染性法氏囊病相同。

患病雏鹅精神委顿，拥挤成堆。羽毛松乱无光泽。食欲大减或废绝，站立不稳，不愿行走。腹泻，排出白色水样稀粪，稀粪中白色多为尿酸盐，肛门四周羽毛常被稀粪沾污。病鹅迅速脱水，衰弱。部分患鹅可见勾颈等神经症状。患病鹅群的流行期一般不超过 7 天，患鹅病程长短不一，短者 1～2 天，长者 4～5 天。

病死鹅法氏囊肿大，大者 2～3 倍，出血呈紫红色葡萄状，黏膜皱褶有散在性或弥漫性出血点，多数病例黏膜有弥漫性灰白色坏死灶，囊腔内有蛋黄色黏性分泌物；肌肉，尤其腿部肌肉和胸部肌肉有点状、斑状或条状出血；肾肿胀，有尿酸盐沉积；心内膜出血；肺淤血；肠道黏膜有出血斑；皮下有胶样浸润。

本病的确诊必须要进行病毒分离鉴定及血清学诊断。

146. 如何防治鹅传染性法氏囊病？

本病的发生是由于鹅与患传染性法氏囊的病鸡及其污染物密切接触引起的，且主发于雏鹅。因此，在饲养过程中，要做到雏鹅与鸡分开饲养，雏鹅群内严禁饲养雏鸡，雏鹅群不到鸡群或鸡场周围放牧。尤其是雏鹅饲养期绝对不能与雏鸡群接触，可达到预防本病流行发生的目的。雏鹅一般无需进行疫苗免疫接种。

一经确诊，可用鸡传染性法氏囊病高免抗血清做紧急预防和治疗。未出现症状雏鹅每只皮下注射1毫升进行预防。患病雏鹅每只皮下注射2毫升，有较好的治疗效果。精制卵黄抗体剂量应加倍使用。使用抗体时可适当使用广谱抗菌药物，提高防治效果。

147. 何为鹅痘？

鹅痘是禽痘病毒引起的一种疾病，具有较高的传染性。通常发生于鹅的喙或皮肤上，也可能同时发生。本病特征性病变是喙和皮肤表皮以及羽囊上皮发生增生和炎症，最后形成结痂和脱落。

总的来看，鹅痘发生并不严重，病死率也低，但对鹅生长有一定影响。本病一年四季均可发生，尤其是在秋季最易流行，以皮肤型痘为多见。病毒主要是通过皮肤或黏膜的伤口侵入鹅体内。一些吸血昆虫，特别是蚊子（库蚊属和伊蚊属）能够携带和传播病毒，是夏秋季鹅痘流行的一个重要传染媒介。

病鹅最初在喙和腿部皮肤出现一种灰白色的小结节，此后很快增大，呈黄色，并和邻近的结节互相融合，形成干燥、粗糙、呈棕褐色的大结痂，突出于皮肤表面或喙上。将痂剥去，可见一个出血病灶。结痂的数量多少不一，多的时候可以布满整个头部无毛部分和喙等处。结痂可以保持3～4周之久，以后就逐渐脱落，留下一个平滑的灰白色疤痕。患鹅症状一般比较轻微，没有全身性症状，但严重的病鹅出现精神委靡，食欲减少或停食，体重减轻等全身性症状。少数病鹅因消瘦、体弱而死亡。除喙和腿部皮肤呈典型病灶外，患病鹅其他器官一般无明显病变，若有病变，则常是因其他病原并发感染所致。

148. 如何防治鹅痘？

鹅痘病例虽并不多见，但在鹅规模化饲养后，本病有可能发生流行，因此，也应引起足够的重视。

在无本病发生史地区或鹅场，一般无需用疫苗免疫。在有本病流

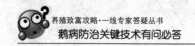

行和发生的地区或鹅场，除加强鹅群的卫生管理等预防性措施外，可应用鸡痘活疫苗或鸽痘活疫苗对鹅进行免疫接种，预防本病的流行和发生。

目前还没有针对本病的特效药物，通常是采用一些对症疗法，以减轻症状及防止并发症发生。将病鹅隔离饲养，对鹅舍、运动场地和各种用具进行严格消毒。用洁净的镊子小心剥离患鹅痘疹，伤口涂擦碘酊、红药水或紫药水等消毒药。

149. 何为雏鹅出血性坏死性肝炎？有什么流行特点？

雏鹅出血性坏死性肝炎又称"鹅花肝病""鹅呼肠孤病毒感染症"，是我国新发现的1～10周龄雏鹅和仔鹅的一种病毒性传染病。雏鹅的发病率和病死率较高。本病于2001年首先在江苏发现并鉴定病原为鹅呼肠孤病毒，数年来已在全国许多省份流行发生。

本病主要危害1～10周龄雏鹅和仔鹅，多发于2～4周龄仔鹅。发病率和病死率与日龄有密切关系，差异较大，日龄越小，发病率和病死率越高。发病率为10%～70%，病死率为2%～60%，4周龄以内雏鹅发病率可高达70%以上，病死率达60%左右。而7～10周龄仔鹅病死率低，为2%～3%。青年鹅感染后多不出现明显症状，种鹅感染后虽然无临床症状，但对产蛋率和出雏率有一定影响，并可带毒垂直传播。各品种的雏鹅和仔鹅均有易感性。

本病既可水平传播，亦可经种蛋垂直传播。病毒主要通过呼吸道和消化道排出，康复鹅可以长期带毒和排毒。

本病的发生无明显的季节性，与饲养雏鹅季节有密切的关系；与卫生条件差、饲养密度过大、气候骤变及应激因素也有一定关系。患病鹅生长受阻，饲料报酬低。患病鹅群也易继发细菌性或其他病毒性疾病。

150. 雏鹅出血性坏死性肝炎有哪些临床症状和病理变化？

本病的主要特征是病鹅生长受阻。按病程可分为急性、亚急性和慢性三种类型，与患病鹅的日龄密切相关。

急性型：多发生于 3 周龄以内雏鹅，病程为 2～6 天。患病雏鹅精神委顿，食欲大减或废绝，绒毛杂乱无光泽，体小瘦弱，喙和蹼颜色淡，呈苍白色，不能站立，行动缓慢，腹泻。病程稍长的患鹅一侧或两侧跗关节或跖关节肿胀。

亚急性和慢性型：多发生于 3 周龄以上的雏鹅和仔鹅，病程为 5～9 天。患病鹅精神差，食欲减少，不愿站立，行动困难，跛行，跗关节、跖关节明显肿胀；有些病例趾关节或脚和趾屈肌腱等部位肿胀。体小瘦弱，生长受阻。

急性型患病雏鹅肝脏有散在性或弥漫性大小不一的紫红色或鲜红色出血斑以及淡黄色或灰黄色坏死斑，坏死斑小如针头大，大的有绿豆大；脾脏稍肿大，质地较硬，并有大小不一的灰白色坏死灶；胰腺肿大，出血，并有散在性针头大灰白色坏死灶；肾脏肿大，充血、出血，有弥漫性针头大的灰白色坏死灶，有的呈大理石样。有的病例呈心包炎病变，心内膜有出血点；肠道黏膜充血、出血；肌胃肌层有鲜红色出血斑；胆囊肿大，充满胆汁；颅骨严重充血，脑组织充血；肺充血。

亚急性型患病雏鹅和仔鹅肝脏和脾脏有类似急性型病例的病变，但病变程度较轻，表面有浆液性纤维素性炎症；肿胀关节腔内有纤维素性渗出物或机化纤维素性渗出物。

慢性型患病仔鹅内脏器官病变很轻微或无肉眼可见病变，肿胀关节腔有机化纤维素性渗出物；个别在腓肠肌腱有出血斑。

需要说明的是，本病是新发现的一种鹅的病毒性传染病。目前尚未被兽医工作者及养殖户普遍认识，尤其近 10 多年来新出现了一些其他鹅病，因此，必须进行病原分离以及血清学或分子生物学鉴定才能对本病作出确切诊断。另外，本病在流行病学、临床症状和病理变化方面与小鹅瘟、鹅沙门菌病、鹅鸭疫里默氏杆菌病等疾病相似，需进行鉴别诊断。

151. 如何防治雏鹅出血性坏死性肝炎？

可采用疫苗免疫接种的方法对本病进行预防。

种鹅免疫：种用鹅群在青年期应用油乳剂灭活苗进行首免，产蛋前15天左右二免。免疫鹅可产生较高水平的抗体，一方面可降低种蛋垂直传播的风险，减少传染来源；另一方面免疫鹅的子代雏鹅具有较高水平的母源抗体，在15日龄内能抵抗病毒感染，降低雏鹅的发病率和病死率。

雏鹅免疫：经免疫的种鹅后代雏鹅，应在15日龄左右用灭活苗免疫（不用油苗）；未经免疫的种鹅后代雏鹅，应在1周龄内，用灭活苗免疫，可有效地预防本病的流行发生。

抗本病高免血清或卵黄抗体可用于紧急预防或治疗。在污染的孵坊中孵出的雏鹅，或可能被感染的雏鹅，每只皮下或肌内注射1毫升抗血清，在第一次注射后15天左右进行第二次注射，每只1.5～2.0毫升，有较好的保护作用。已患病的雏鹅群，病鹅每只注射2～3毫升，有一定治愈率；未发病的鹅每只注射1.5～2.0毫升作为紧急预防，有一定的预防作用。在应用抗血清时适当加入抗生素，有利于控制并发疾病的发生。使用卵黄抗体剂量应是抗血清的2倍以上。

152. 什么是鹅坦布苏病毒病？

坦布苏病毒病也称黄病毒病，是我国新发生的一种动物传染性疾病。2010年春夏之交，我国东南部各省份水禽养殖场相继暴发以突发性产蛋急剧下降为特点的疾病，发病禽种包括种鸭、蛋鸭、肉鸭和种鹅、肉鹅，尤以鸭发病最为严重，本病的发生对我国水禽养殖业造成了巨大经济损失。经病原分离和鉴定，确认本病病原为黄病毒属中的坦布苏病毒。与此同时，也有少数鸡感染和发病的报道。

本病一年四季均可发生，但夏、秋两季多发。坦布苏病毒可经鸟、蚊子传播，也可经污染的饲料、饮水、器具、运输工具等传播。带毒禽在不同地区的调运极易成为本病大范围快速传播的途径。

根据部分流行病学调查资料，本病的发病率高，死亡率低。感染鹅群的死亡率一般为5%左右，有继发感染时也可高达50%以上。发病鹅群采食量下降和产蛋量大幅下降。病鹅体温升高，食欲下降或废绝，产蛋减少或停产，拉稀，羽毛沾水，不爱下水或下水后浮在水面不动，部分表现有瘫痪、翅膀下垂、仰卧、转圈、摇头等神经症状。

本病既可水平传播又可垂直传播。种鹅感染后种蛋受精率、孵化率下降，孵化后期死胚增多。死胚头颈水肿，出现"狮子"头。孵出的雏鹅难养，成活率低。出孵后感染的，14日龄即可见发病症状，病程长达30天，有的甚至可持续到70日龄销售时。有的鹅群康复后还会出现二次发病。

病死鹅主要病变为脾脏肿大，有白色坏死点；卵巢出血；卵泡膜充血、出血，卵泡液化、坏死或破裂；部分病鹅肝脏出血、肿大，脑膜、心肌、腿肌出血。

根据临床症状和剖检变化可对本病作出初步诊断，确诊需要进行病原分离及分子生物学鉴定。

153. 如何防控鹅坦布苏病毒病？

养殖场平时应严格执行卫生防疫措施，定期对养殖场的环境、设施、器具、场舍等进行消毒；加强饲养管理，减少应激因素，提高鹅的抗病力；养殖场内除草灭蚊，尽可能避免鹅群受蚊虫叮咬。我国已经成功研制出或正在积极研制鸭坦布苏病毒病灭活疫苗和活疫苗，本病流行地区的鹅场可选择使用。

目前，本病尚无有效的治疗措施。抗病毒中草药、干扰素对本病可能有一定的辅助治疗作用。在发病鹅群饲料或饮水中适当添加一些抗菌药物，连用4～5天，有助于防止继发感染。

154. 何为鹅圆环病毒病？

鹅圆环病毒病病原为鹅圆环病毒，是近年来新发现的疾病之一。鹅圆环病毒于1999年在德国首次发现，2003年在我国台湾地区的鹅群中检测到该病毒，2004年在浙江某养殖场的病死鹅体内也检测到该病毒，此为我国大陆地区首次报道。此后我国一些地区也相继报道了鹅群中有鹅圆环病毒存在。鹅圆环病毒除引起鹅发生原发感染致死亡外，更严重的是可损害鹅的免疫功能，导致机体抵抗力下降，易并

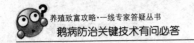
发或继发其他病原感染，加重病情，造成更大损失。

病鹅主要表现发育不良，体重下降，羽毛生长障碍，生长缓慢，免疫系统受侵引起对其他病原的易感性增加。病理变化主要表现在淋巴组织，其中法氏囊病变最明显，一些病例中整个囊结构破坏。由于感染鹅的免疫功能受到抑制，临床上常可见有一些病例因混合感染造成轻度的气囊浑浊或者浆膜炎。由于本病常以亚临诊感染的形式出现，易被忽视。

由于鹅圆环病毒是新近发现的病毒，而且还未发现有效的体外培养方法，因此，诊断方法相对较少。已建立的诊断方法有组织学观察法、电镜法、间接免疫荧光法以及分子生物学方法。

目前国内外对本病的研究较少。对本病预防主要是采取综合性卫生防疫措施，防止病原的侵入和扩散。尚无可预防的疫苗和有效的治疗药物，但控制继发感染，可较大地减少发病和死亡。

155. 什么是鹅网状内皮组织增殖症？

鹅网状内皮组织增殖症是由网状内皮组织增殖症病毒群所致的鹅淋巴组织和其他组织慢性肿瘤、免疫抑制、生长发育不良、贫血、致死性网状细胞瘤等一组症状不同的综合征疾病。患病鹅以生长不良，贫血，肝和脾肿大、坏死和肿瘤病灶为特征性病变，发病率和病死率不高，但影响其他疫苗的免疫应答以及生产性能和饲料报酬下降。

本病一般呈散发性流行。网状内皮组织增殖症病毒的自然宿主为火鸡、鸭、鸡、鹅等，对鸭、火鸡等的危害较严重。病毒存在于肿瘤病灶、血液和消化道，经排泄物和分泌物传播，也可经种蛋传播。健康鹅与病鹅或其他病禽同群饲养，经接触而感染。雏鹅较成年鹅易感。

本病可分为急性型和慢性型。急性型，死亡快，临床症状不明显。感染多呈慢性过程，病鹅食欲日益减退，精神欠佳，瘦弱，羽毛松乱脱落，生长缓慢或停止，贫血，最后严重消瘦死亡。

本病大体病变有三种病变型。一是内脏增生病变型。肝脏和脾脏肿大，有出血点或斑，表面有散在性或弥漫性不规则灰白色的肿瘤小结节；心脏、肾脏、胰腺、肠道淋巴结也有灰白色或黄白色肿瘤病变。肿瘤有淋巴肉瘤、淋巴细胞肉瘤和梭状细胞肉瘤。二是坏死性病变型。脾脏肿大，大面积出血和有干酪样的坏死灶；肠管上皮常有干酪样病灶和细胞脱落。三是神经增生病变型。神经末梢水肿性肿大。

目前，本病确诊主要是采用病毒分离鉴定的方法。采集病变组织或肿瘤、血浆和泄殖腔拭子等作为病毒分离材料，接种于鸭胚肾单层细胞或鸭胚成纤维细胞，细胞感染后一般不会产生病变。至少要盲传2代，每代培养7天。然后采用特异性荧光抗体试验或分子生物学等方法对病毒进一步鉴定。

由于国内外学者对本病的研究主要是在鸡上，在包括鹅的水禽上研究较少，相关报道不多。目前对本病无有效的治疗药物。通过对鹅群的病原检测，淘汰带毒鹅和病鹅，以及对粪便的无害化处理，可达到控制或减少本病发生的目的。

156. 什么是鹅出血性肾炎肠炎？

鹅出血性肾炎肠炎也称"幼鹅病"或"迟发型小鹅瘟"，是由鹅出血性多瘤病毒引起的鹅全身性高致死性传染病，也是家禽中唯一由多瘤病毒感染引起的疾病。本病于1969年首次报道于匈牙利，20世纪80～90年代在欧洲散发。本病多年前一直被怀疑是小鹅瘟的一种新形式，但事实上，采用抗小鹅瘟或鸭肝炎高免血清并不能保护雏鹅免患本病。直到2000年，也就是首个临床病例报道30年后才确认本病病原为多瘤病毒，因此，其确切名称应该是"鹅多瘤病毒病"。我国尚未见有本病的报道，但很可能业已存在，只是未确诊而已，因为近年来已从我国鸭群中检测到鹅出血性多瘤病毒，而鸭源毒株可以致鹅发病。本病应引起我们的注意。

本病的潜伏期长短与鹅感染时的日龄大小有关。1日龄雏鹅感染后6～8天内死亡，3周龄雏鹅感染后的潜伏期则在15天以上，4周龄之后的鹅感染不表现临床症状。5或6周龄以前的鹅极少有临床表现，但与其他多瘤病毒感染一样，病毒感染很可能发生于早期。

本病冬季多发，可能是由于气候条件或因种鹅光照不足造成弱雏发病。在自然条件下，本病仅发生于 4～10 周龄鹅，感染鹅群的发病率为 10％～80％，大多数以死亡而告终。临床症状只是在临死前几小时出现，表现为离群独处，然后昏迷，最后死亡。实验性感染的雏鹅可见有角弓反张等神经症状。慢性病例因关节内尿酸盐沉积而跛行。每天死亡几只，并持续到 12 周龄。

病死鹅病变主要表现为皮下结缔组织水肿，腹腔中有多量凝胶样腹水及肾脏炎症，偶见出血性肠炎。慢性病例可见内脏痛风及关节尿酸盐沉积。

目前对本病尚无有效的治疗方法，最好的办法是采取综合防治措施，加强饲养管理，严格消毒及接种疫苗。

本病主要通过隐性感染鹅和病鹅的粪便传播，因此，应对饲养环境进行严格消毒。含氯消毒剂对本病病原有较强的杀灭作用，但切记消毒前应先彻底清除粪便等有机物。虽然还未证实本病可经种蛋垂直传播，但应加强孵化场的卫生防疫措施，以减少雏鹅早期感染。此外，还应保持良好的饲养管理环境，应激或寒冷等恶劣环境会导致感染鹅的病情加重。

然而，最好的防控措施还是对种鹅进行疫苗免疫，为雏鹅在易感时期提供母源抗体。国外已开展了灭活疫苗的研发工作，根据试验结果，建议种鹅在每个产蛋期前进行 2 次免疫。疫区的育成鹅也应进行免疫，以保护其渡过整个生产期。

四、鹅的寄生虫病

157. 什么是寄生虫？什么是宿主？

两种生物在一起生活，其中一方受益，另一方受害，后者给前者提供营养物质和居住场所，这种生活关系为寄生。寄生关系中受益的一方如为单细胞的原生生物和多细胞的无脊椎动物则称为寄生虫，而受损害的一方称为宿主。

寄生虫完成一代生长、发育和繁殖的整个过程称寄生虫的生活史。寄生虫的生活史包括寄生虫侵入宿主的途径、虫体在宿主体内移行及定居、离开宿主的方式，以及发育过程中所需的宿主（包括传播媒介）种类和内外环境条件等。总之，寄生虫完成生活史除需要适宜的宿主外，还受外界环境的影响。生活史越复杂，寄生虫存活的机会就越小，但其高度发达的生殖器官和生殖潜能可弥补这一不足。了解和掌握寄生虫的生活史，不仅可以认识动物是如何感染某种寄生虫的，而且还可针对生活史的某个发育阶段采取有效的防治措施。

寄生虫的生活史具有多样化的特点，有些虫种的生活史比较简单，在完成生活史过程中仅需要一种宿主；有的则相当复杂，有些寄生虫完成其整个生活史需要一种或一种以上的中间宿主，其幼虫或无性生殖阶段所寄生的宿主称为中间宿主。有两个中间宿主的寄生虫，其中间宿主有第一和第二之分。其早期幼虫寄生的宿主称为第一中间宿主，晚期幼虫寄生的宿主称为第二中间宿主。寄生虫的成虫或有性生殖阶段所寄生的宿生称为终宿主。中间宿主和终宿主都有可能是寄生虫病的传染源。

158. 寄生虫有哪些危害性？

寄生虫侵入宿主或在宿主体内移行、寄生时，其对宿主是一种"生物性刺激物"，是有害的，其影响也是多方面的，但由于各种寄生虫的生物学特性及其寄生部位等不同，因而对宿主的致病作用和危害程度也不同，主要表现在以下四个方面。

(1) 机械性损害 吸血昆虫叮咬，或寄生虫侵入宿主机体之后，在移行过程中和在特定寄生部位寄生的机械性刺激，可使宿主的器官、组织受到不同程度的损害，如创伤、发炎、出血、肿胀、堵塞、挤压、萎缩、穿孔和破裂等。

(2) 夺取宿主营养和血液 寄生虫常以经口吃入或由体表吸收的方式，把宿主的营养物质变为自身的营养，有的则直接吸取宿主的血液或淋巴液作为营养，引起宿主的营养不良、消瘦、贫血、抗病力和生产性能降低等。

(3) 毒素的毒害作用 寄生虫在生长发育和繁殖过程中产生的分泌物、代谢物、脱鞘液和死亡崩解产物等，可对宿主产生程度不等的局部性或全身性毒性作用，尤其对神经系统和血液循环系统的毒害作用较为严重。

(4) 传播疾病 寄生虫不仅本身对宿主有害，还可在侵害宿主时，将某些病原物如细菌、病毒和原虫等直接带入宿主体内，或为其他病原体的侵入创造条件，使宿主遭受感染而发病。

值得注意的是，除少数感染严重的病例可发生死亡外，动物的寄生虫病不像其他传染病那样引起动物的大批死亡。因此，长期以来，许多养殖户对寄生虫病的危害性没有足够的认识，在疾病防治上也不重视。殊不知，寄生虫病可引起动物生长发育不良、生产性能下降、饲料报酬低，造成大量的饲料、人力浪费，其引起的经济损失并不比其他的传染病少。

159. 寄生虫病的传染来源有哪些？鹅感染寄生虫有哪些途径？

通常是寄生有某种寄生虫的病畜禽和带虫者，寄生虫能在其体内寄居、生长、发育、繁殖并排出体外。寄生虫常通过血、粪、尿及其他分泌物、排泄物等，不断地把某一发育阶段的寄生虫（虫体、虫卵或幼虫）排到外界环境中，污染土壤、饲料、饮水、用具等，然后经一定途径转移给易感动物或中间宿主。

鹅感染寄生虫主要通过以下几个途径：

（1）经口吃入感染　易感动物吞食了被侵袭性幼虫或虫卵污染的饲草、饲料、饮水、土壤或其他物体，或吞食了带有侵袭性阶段虫体的中间宿主、补充宿主或媒介等之后而遭受感染。大多数寄生虫是经口感染的，如蛔虫、球虫等。

（2）接触感染　病禽与健康家禽通过直接接触，或感染阶段虫体污染的环境、笼具及其他用具与健康家禽接触引起感染，如螨、虱等。

（3）经皮肤感染　某些寄生虫的感染性幼虫可主动钻入家禽皮肤而感染宿主；吸血昆虫在刺蜇宿主吸血时，可把感染期的虫体注入家禽体内引起感染，如住白细胞虫病等。

（4）经节肢动物感染　即寄生虫通过节肢动物的叮咬、吸血，传给易感动物。这类寄生虫主要是一些血液原虫。

160. 如何防治鹅的寄生虫病？

有计划地定期驱虫是饲养场和养殖户预防和控制鹅寄生虫病的一项有效措施，对于促进鹅群正常生长发育，保障鹅体健康具有重要的意义。

（1）鹅体驱虫　应用药物或其他方法驱除或杀灭鹅体内（或体表）的寄生虫，是饲养场和养殖户常用的有效方法。驱虫对于已发病的鹅具有治疗作用，对感染而未发病的鹅可以起着预防作用。驱虫是整个防治中一项重要的工作，分为治疗性驱虫和预防性驱虫两种。治疗性驱虫，不分季节，检查患有寄生虫病鹅，及时对症用药进行驱虫使鹅恢复健康。预防性驱虫一般为一年两次，春秋季节进行，以减少寄生虫感染和传播的机会。

鹅体内的寄生虫包括绦虫、吸虫、线虫在内的寄生蠕虫和包括球虫、住白细胞虫等在内的寄生原虫。不同种类的寄生虫应选用相应的驱虫药物，通常选用高效低毒的驱虫药。如鹅矛形剑带绦虫和前殖吸虫，常选用阿苯达唑（丙硫咪唑）和吡喹酮。鹅群驱虫宜早不宜迟，要在鹅出现症状前驱虫。

一些寄生虫病具有明显的季节性，这与寄生虫发育到感染期所需的气候条件、中间宿主或传播媒介的活动有关。因此，各类寄生虫的驱虫时间应根据其传播规律和流行季节来确定，通常在发病季节前对鹅群进行预防性驱虫，如鹅球虫病，发病季节与气温和湿度密切相关，其流动季节为4～10月，其中以5～8月发病率最高，在这个时期饲养雏鹅尤其要注意球虫病的预防。又如鹅裂口线虫病，发病季节为5～10月，由于随粪便排出的虫卵在23℃及适当的湿度下几天内就发育成感染性幼虫，若雏鹅吞食受感染性幼虫污染的食物、水草或水时即遭受感染。因此，在温暖多雨潮湿的季节里特别要加强此类寄生虫病的预防。鹅体表的寄生虫寄生在鹅的皮肤和羽毛上，包括永久性寄生的羽虱、羽螨和暂时性寄生的蚊、蝇、库蠓、蚋等。驱杀鹅体外寄生虫，常用溴氢菊酯、苄呋菊酯或敌百虫溶液等驱虫剂对鹅体表进行喷雾，杀灭羽螨、羽虱等永久性寄生虫。由于暂时性寄生的蚊、蝇、蠓、蚋等白天栖息在鹅舍（棚）的角落里或外面的草丛中，因此除了用驱虫剂对鹅体表喷雾，还应对鹅舍（棚）及其周围环境进行喷雾杀虫。

需要注意的是，在驱虫中应严格遵守操作规程，准确地配制药液浓度，掌握好用量，防止浓度过大而引起鹅体中毒，浓度低又达不到驱虫的目的。

（2）杀灭外界环境的寄生虫 许多寄生虫的虫卵、幼虫、卵囊等病原体随鹅粪排出体外，污染环境，也会引起寄生虫病在鹅群中的传播和重复感染。因此，除驱杀鹅体内外的寄生虫外，杀灭外界环境的寄生虫，尤其是粪便中的寄生虫也是预防寄生虫病的十分重要的措施。鹅舍（棚）内清除的粪便必须放置在远离饲养场和水源的地方堆积发酵，进行无害化处理，利用生物热杀死寄生虫卵、卵囊和幼虫，以防止粪便中的病原污染环境和引起重复感染。

（3）**消灭中间宿主**　有些寄生虫如绦虫、吸虫等寄生蠕虫的传播，需要中间宿主参与。临床上常见的鹅矛形剑带绦虫病就是因为鹅在吞食水草的同时吞食了生活在水中的中间宿主—剑水蚤引起的，其发病季节在4～10月，而在寒冷季节，剑水蚤停止繁殖或死亡，这类寄生虫病就明显减少。鹅前殖吸虫的传播与鹅采食水草时，吞食了中间宿主——蜻蜓幼虫有关。因此，消灭中间宿主也是预防某些寄生虫病的必不可少的措施之一。消灭中间宿主常采用冬春季节干塘的方式或者在有中间宿主并遭受病原体污染的水沟、稻田等处撒布石灰等以杀死中间宿主和幼虫，切断它们的生活史，达到从根本上预防某些寄生虫病的目的。

161. 鹅球虫有哪些种类？

迄今为止，已报道的寄生于或可实验性感染家鹅的球虫有12种，分别属于艾美和泰泽两个属。在这些虫种中，有的至今尚无详细的卵囊形态描述，另有一些虫种的有效性还存有疑问，鹅球虫种类也许并没有这么多。部分鹅球虫的孢子化卵囊的形态和大小见图26。在众多鹅球虫中，除截形艾美耳球虫寄生于肾脏外，其余皆寄生于肠道。我国鹅球虫感染比较普遍，球虫病病例时有发生。据调查，我国鹅球虫感染率60%～95%，死亡率3.9%～25%。有些地区感染率高达90%～100%，死亡率达10%～80%。近年来，随着鹅饲养量及饲养密度的增加，球虫病发生的机会也大大增加，鹅球虫病流行有逐渐加重的趋势。在饲养过程中，养殖户对本病应多加注意。

162. 球虫的生活史是怎样的？如何发育的？

球虫的生活史属于直接发育型的，不需要中间宿主。球虫在发育

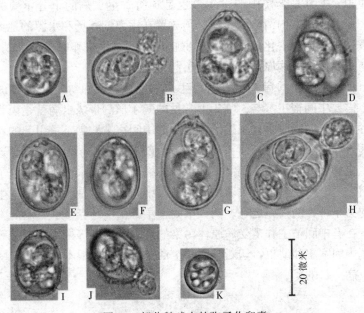

图26　部分鹅球虫的孢子化卵囊
A、B. 鹅艾美耳球虫　C、D. 棕黄艾美耳球虫　E、F. 赫氏艾美耳球虫
G、H. 有害艾美耳球虫　I、J. 多斑艾美耳球虫　K. 微小泰泽球虫

过程中，通常经历孢子生殖、裂殖生殖和配子生殖三个生殖阶段。其中，孢子生殖在外界环境中进行，称为外生性发育阶段。而裂殖生殖和配子生殖在体内进行，称为内生性发育阶段。球虫的生活史见图27。鹅摄入具感染性的孢子化卵囊后，卵囊破裂并释放出孢子囊，后者又进一步释放出子孢子。子孢子侵入肠上皮样细胞进入裂殖生殖（无性生殖）阶段。首先发育为第一代裂殖体，发育成熟的裂殖体中包含数量不等的裂殖子。成熟的裂殖体释放出的裂殖子再次侵入肠上皮样细胞，发育为第二代裂殖体。成熟的第二代裂殖体释放出的裂殖子可再次发育为下一代裂殖体。有的球虫可能有3～4个世代的裂殖生殖。在经历几个世代的裂殖生殖后，球虫即进入配子生殖（有性生殖）阶段。最后一代裂殖体释放出裂殖子侵入肠上皮样细胞，部分裂殖子发育为小配子体，部分发育为大配子体。小配子体发育成熟后，释放出大量的小配子。小配子与成熟的

大配子结合（受精）形成合子，并进一步发育为卵囊。卵囊随粪便排出体外。刚排出体外的新鲜卵囊未孢子化，不具感染性。它们在温暖、潮湿的土壤或垫料中，进行孢子生殖，经分裂形成成熟子孢子，成为具有感染性卵囊。经粪便排出的卵囊仅在发育为孢子化卵囊后才具有感染性。

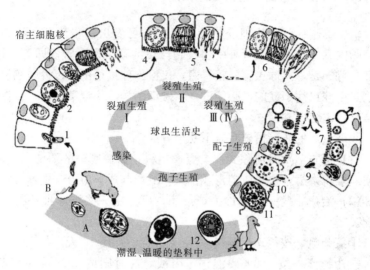

图 27　球虫生活史模式图

163. 鹅球虫病有哪些临床症状和病理变化？

本病多发于温暖多雨季节。各种日龄的鹅均可感染球虫，但一般2周龄到2月龄左右的雏鹅发病较为严重，成年鹅多为隐性带虫者。发病初期鹅活动缓慢，食欲减少，羽毛蓬松，下水时极易浸湿，喜蹲伏。继而发生下痢，粪便沾污肛门羽毛。粪便腥臭，常混有血液、坏死脱落的肠黏膜和白色的尿酸盐。数日后衰竭死亡。

鹅球虫病的病变可分为肠型和肾型两类。

（1）肠型　大多数虫种寄生于肠道。病变主要在小肠后段。肠管膨大，增厚或变薄，肠内容物稀薄，呈黄红色或褐色。肠黏膜出血，糜烂，呈糠麸样。严重的病例肠黏膜有大块的出血条带。

（2）肾型 由肾球虫引起。病变可见肾肿大、出血，颜色变为浅黄色或灰红色。肾表面有针尖至谷粒大的灰白色或灰黄色的坏死灶。

164. 如何诊断和防治鹅球虫病？

根据临床症状、病理变化及流行病学可做出初步诊断。从肠黏膜、肠内容物、粪便或肾脏中检查到球虫的各个发育阶段即可确诊。但需注意的是，鹅球虫感染较普遍，仅检出球虫还不足以说明鹅发病死亡是由球虫病引起的，必须进一步做细菌学、病毒学检测，根据检测结果作出综合判断。

鹅球虫病的防治措施有以下几个方面：

（1）预防 及时清除粪便，更换垫料，保持鹅舍的清洁、干燥。粪便应堆积发酵，垫料应消毒或销毁。雏鹅与成鹅应分开饲养。

（2）治疗 鹅一旦确诊为球虫病，可选用一些抗球虫药物进行治疗。

①氯苯胍，按每千克饲料 80 毫克混饲，连用 10 天。

②盐霉素，按 0.006％混饲；用预混剂时则按 0.06％～0.07％混饲。

③氨丙啉，按每千克饲料 150～200 毫克混饲，连用 7 天。

④磺胺-6-甲氧嘧啶（制菌磺），按 0.05％混饲，连喂 3～5 天。

在使用抗球虫药的同时，可适当采用一些抗生素防止细菌继发感染。

165. 毛滴虫病的病原是什么？

病原为毛滴虫科的毛滴虫，虫体为卵圆形，前端有 4 根活动的鞭毛和 1 个波动膜，鞭毛长度常超过虫体 2～3 倍，运动活泼。

在流行地区的养禽场，50％～70％的鹅、鸭轻度感染毛滴虫病，成为带虫者。本病经消化道感染，尤其当前段消化道黏膜破损时更易感。污染的饲料、饮水等为传播媒介，鼠类也可传播本病。

166. 毛滴虫病的症状和病变有哪些？

本病潜伏期5～8天，临床症状分急、慢两型。

急性型：小鹅感染后多为此型，表现体温升高，精神委顿，少食或不食，跛行，行动困难，蹲卧。吞咽、呼吸困难。腹泻，粪便淡黄色，消瘦。食道膨大部体积增大，头向下弯曲。少数病例有结膜炎，流泪。口腔和喉头黏膜充血，可见淡黄色小结节。患鹅常死于败血症。

慢性型：多见于成年鹅。表现消瘦，绒毛脱落，头颈部或腹部常出现无毛区。口腔黏膜上常积聚干酪样物，嘴张开、采食困难。

急性型口腔及喉头见有淡黄色小结节，有的食道发生溃疡而穿孔。有的病例在肠道及上呼吸道形成疤痕而康复。有的病例形成坏死性肠炎和肝炎，肝脏肿大呈褐色或黄色，表面有小的白色病灶。此外，还常见胸膜炎、心包炎、腹膜炎和输卵管炎，卵泡变形。慢性型病变主要是口腔的干酪样变。本病特征性病变是在肠道后段的溃疡性损伤及肝脏等器官发生肿大。

167. 如何诊断和防治毛滴虫病？

根据典型病变及症状可初步怀疑本病。用口腔或嗉囊分泌物，或刮取病变处黏液制成直接涂片镜检，见到典型的虫体而确诊。

本病的预防措施主要包括：保持鹅舍通风、清洁和干燥；将雏鹅与成鹅分开饲养，防止交叉感染；在饲料中适当添加蛋白质饲料和维生素，增强鹅的抗病能力。

预防可用 0.05％硫酸铜溶液饮用 3～5 天；或卡巴肿按 0.015％～0.02％混饲，连用 5～7 天。

治疗可用灭滴灵（甲硝唑）片按 100～200 毫克/只，分 2 次投服，连用 5 天。停药 3 天后，再用 5 天。阿的平（或氨基阿的平）按每千克体重 0.05 克，或雷佛奴耳按每千克体重 0.01 克，将其溶于水中，逐只灌服，第二天再喂一次。口腔患处可用碘甘油或金霉素软膏涂抹。

168. 鹅的线虫主要有哪些?

寄生在鹅体的线虫有许多种,它们寄生在鹅消化道、呼吸道等多个部位,给鹅造成很大的危害。如寄生于小肠的蛔虫、毛圆线虫,寄生于盲肠的异刺线虫,寄生于气管、支气管的比翼线虫、杯口线虫,寄生于鹅肌胃角质膜下的裂口线虫、瓣口线虫,寄生于腺胃的棘结线虫、四棱线虫,寄生于小肠、盲肠的鹅毛细线虫等。其中常见和危害较严重的有蛔虫、异刺线虫、鹅裂口线虫、比翼线虫等。

169. 蛔虫病的病原是什么?有哪些流行特点?

鹅蛔虫病是由隶属于蛔虫目禽蛔科禽蛔属的鸡蛔虫和鹅蛔虫引起的一种常见的线虫病。蛔虫虫体呈淡黄白色,两端尖细(图28)。雄虫长 26~70 毫米,尾端向腹面弯曲,有尾翼和尾乳突。雌虫长 65~110 毫米,阴门开口于虫体中部,尾端钝直(图29)。虫卵呈深灰色,椭圆形,卵壳厚,新排出虫卵内含一个椭圆形胚细胞。

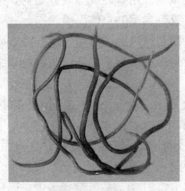

图 28 鹅蛔虫

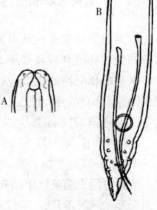

图 29 蛔虫头部(A)和雄虫尾部(B)

蛔虫属于直接发育型（图30）。受精后的雌虫在鹅的小肠内产卵，卵随粪便排出体外。虫卵在适宜的温度和湿度等条件下，经1～2周发育为含感染性幼虫的虫卵，即感染性虫卵，其在土壤内6个月仍具感染力。鹅因吞食了被感染性虫卵污染的饲料或饮水而感染，幼虫在鹅胃内脱掉卵壳进入小肠，钻入肠黏膜内，经一定时间发育后返回肠腔发育为成虫。从鹅吃入感染性虫卵到其在小肠内发育为成虫需35～50天。

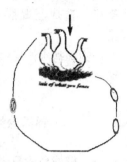

图30　蛔虫的生活史

寄生于鹅的蛔虫以鸡蛔虫最为常见，其可感染鸡、鸭和鹅等多种禽类。雏鹅较易感染和发病，随着日龄的增大，鹅的抵抗力逐步增强。成年鹅多为带虫者。鹅主要是通过吞食了感染性虫卵，也可能啄食了携带感染性虫卵的蚯蚓而感染。

170. 蛔虫病有哪些症状和病理变化？如何诊断？

由于虫体在鹅体内的生长过程中吸取大量的营养，病鹅常表现为生长发育不良，精神沉郁，行动迟缓，食欲不振，下痢，有时粪中混有带血黏液，羽毛松乱，消瘦、贫血，黏膜苍白，最终可因衰弱而死亡。严重感染时，可因虫体数量过多造成肠堵塞而死亡。成年鹅一般不表现症状，但严重感染时也会表现下痢、产蛋量下降和贫血等。

剖检可见小肠内有较多蛔虫虫体（图31），肠黏膜充血、出血，部分病例肠管穿孔或破裂。此外，蛔虫的幼虫在肠黏膜中发育以及成虫在肠腔

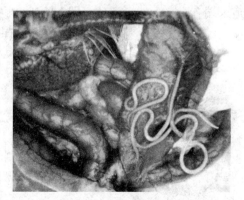

图31　鹅肠内有数条蛔虫

中寄生，造成肠黏膜机械性损伤，引起肠炎，并可继发其他病原感染。

用饱和盐水漂浮法检查粪便发现大量虫卵，或在病鹅肠道内发现虫体，即可确诊本病。

171. 如何防治蛔虫病？

（1）搞好环境卫生 及时清除粪便，堆积发酵，杀灭虫卵。

（2）定期驱虫 定期对鹅群进行预防性驱虫，每年2～3次。

（3）用驱虫药治疗 发现病鹅，及时用驱虫药治疗。阿苯达唑（丙硫咪唑）按每千克体重30～40毫克，一次内服；或左旋咪唑按每千克体重20～30毫克，一次内服。

172. 异刺线虫病的病原是什么？

异刺线虫病，又称盲肠虫病，是由异刺科鸡异刺线虫寄生于鹅的盲肠内引起的。除鹅外，鸡、火鸡、鸭等均可感染。该虫在国内分布甚广，各地都有发生，造成很大危害。

异刺线虫呈细线状，淡黄白色，头端略向背面弯曲（图32），食道末端有一膨大的食道球（图33A）。雄虫长7～13毫米，尾直，末端尖细；两根交合刺不等长、不同形；有一个圆形泄殖腔前吸盘（图

图32 异刺线虫成虫

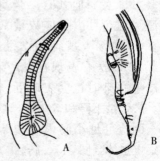

图33 异刺线虫雌虫头部（A）
和雄虫尾部（B）

33B)。雌虫长 10～15 毫米，尾细长，阴门位于虫体中部稍后方。虫卵呈灰褐色，椭圆形，大小为 65～80 微米×35～46 微米，卵壳厚，内含一个胚细胞，卵的一端较明亮，可区别于鸡蛔虫卵。

其生活史为直接发育，不需中间宿主。成熟雌虫在盲肠内产卵，卵随粪便排于外界，在适宜的温度和湿度条件下，约经 2 周发育成含幼虫的感染性虫卵，鹅吞食了被感染性虫卵污染的饲料和饮水或带有感染性虫卵的蚯蚓而感染，幼虫在小肠内脱掉卵壳并移行至盲肠，先钻入盲肠黏膜内发育，然后重返肠腔发育为成虫。从感染性虫卵被吃入到在盲肠内发育为成虫需 24～30 天。此外，异刺线虫除自身的致病作用外，还是盲肠肝炎（火鸡组织滴虫病）病原体的传播者，当一只禽体内同时有异刺线虫和火鸡组织滴虫寄生时，组织滴虫可进入异刺线虫卵内，并随虫卵排到体外，当鹅吞食了这种虫卵时，便可同时感染这两种寄生虫。

173. 异刺线虫病有哪些症状？如何诊断和防治？

患鹅消化机能障碍，表现为食欲下降、消瘦、贫血、腹泻。雏鹅发育受阻，消瘦甚至衰弱致死。成禽产蛋量下降或停止。剖检可见尸体消瘦，盲肠肿大，肠壁发炎和增厚，有时出现溃疡灶。盲肠内可查见虫体，尤以盲肠尖部虫体最多。

对本病的诊断需粪检，发现虫卵；或剖检病尸，找到虫体才可确诊。

对本病的防治除粪便堆积发酵，保持鹅舍卫生外，主要是药物防治。左旋咪唑按每千克体重 25～30 毫克混饲或饮水；阿苯达唑（丙硫咪唑）按每千克体重 30 毫克喂服或混饲；甲苯达唑（甲苯咪唑）按每千克体重 30～50 毫克喂服或混饲。

174. 鹅裂口线虫病的病原是什么？

本病是由裂口科裂口线虫寄生于鹅胃内引起的。虫体呈淡红色，细长，体表有细横纹，口囊呈杯状（图 34A）。雄虫长 10～17 毫米，交合伞发达，两根交合刺等长（图34B）。雌虫长12～24毫米，尾部呈指状。虫卵呈卵圆形，卵壳透明（图35）。虫卵在外界孵化为幼虫后，幼虫爬到牧草上被鹅吞食而感染，也可经皮肤感染。幼虫先在腺胃内停留几天，然后钻入肌胃黏膜发育为成虫。本病常呈地方性流行，雏鹅感染后死亡率很高。

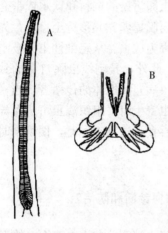

图34　鹅裂口线虫的头部（A）
　　　　和雄虫尾部（B）

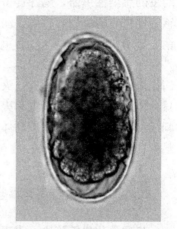

图35　鹅裂口线虫卵

175. 鹅裂口线虫病的症状有哪些？如何诊断和防治？

鹅裂口线虫寄生于鹅肌胃角质层下。由于虫体的寄生使肌胃黏膜遭受破坏，形成炎症和溃疡。鹅感染后食欲不振，精神萎靡，贫血，下痢，生长发育不良。雏鹅体弱、消瘦、嗜睡，终因衰竭而死，可造成大批死亡。成鹅症状较轻。如鹅龄期较大，虫体数量少，不表现临床症状，但可成为带虫者，是本病的传播者。

剖检病死鹅可见肌胃角质层易碎、坏死、呈棕黑色，除去坏死的角质层可见有溃疡及粉红色细小的虫体。粪便检查也可发现虫卵，即可确诊本病。

鹅裂口线虫病的防治可采用以下措施：

（1）**大小鹅分开饲养**　该病对雏鹅和仔鹅危害大，大小鹅分开饲养，以免带虫的大鹅感染小鹅。

（2）**注意放牧地点**　不到低洼潮湿地带或死水塘放牧，可大大减少发病。

（3）**定期驱虫**　在流行的牧场或地区，定期进行驱虫。放牧的鹅群每年需进行 2 次预防性驱虫。第一次驱虫一般在 20～30 日龄进行，第二次 3～4 月龄再驱一次。

（4）**药物驱虫**　预防性和治疗性驱虫可选用的药物有：阿苯达唑（丙硫咪唑）按每千克体重 30 毫克，一次喂服；甲苯达唑（甲苯咪唑）按每千克体重 50 毫克喂服，每日一次，连用 2 日。左旋咪唑每千克体重 25 毫克，一次喂服。

176.　比翼线虫病的病原是什么？

比翼线虫病又称交合虫病、开嘴虫病、张口线虫病，是由比翼科比翼属的气管比翼线虫及斯氏比翼线虫寄生于鸡、吐绶鸡、雉、珠鸡和鹅等禽类气管内引起的。因病禽张口呼吸，又名开口虫病。因雌雄虫在寄生状态下总是交合在一起（图 36），故名比翼线虫病。本病对幼禽危害严重，死亡率极高，成年禽很少发病和死亡。

虫体因吸血而呈鲜红色。头端大，呈球形。口囊宽阔呈杯状，其底部有三角形小齿（图 37A）。雌虫比雄虫大，阴门位于体前部（图 37C）。雄虫以交合伞（图 37B）附着于雌虫阴门部，永成交配状态，外观呈"Y"字形。

斯氏比翼线虫雄虫长 2～6 毫米，雌虫长 9～26 毫米，口囊底部有 6 个齿。虫卵椭圆形，大小为 90 微米×49 微米，两端有厚卵盖。

气管比翼线虫雄虫长 2～4 毫米，雌虫长 7～20 毫米，口囊底部有 6～10 个齿。虫卵大小为 78～110 微米×43～46 微米，两端有厚卵盖，卵内含 16 个卵细胞。

雌虫在气管内产卵，卵随气管分泌物咳出体外，或被咽至消化道随粪便排到外界，在适宜温度（27℃左右）和湿度条件下，虫卵约经 3 天发育为感染性虫卵，或孵化为外被囊鞘的感染性幼虫；感染性虫

图36　比翼线虫的
　　　雌雄虫呈永
　　　久交合状态

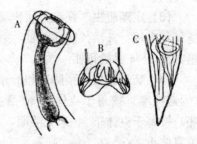

图37　比翼线虫雄虫头部（A）
　　　和交合伞（B），雌虫尾
　　　部（C）

卵或幼虫被蚯蚓、蛞蝓、蜗牛、蝇类及其他节肢动物等延续宿主摄入后，在它们的肌肉内形成包囊，包囊内的虫体不发育但长期存活保持着对禽类宿主的感染能力。鹅因吞食了感染性虫卵或幼虫，或带有感染性幼虫的延续宿主而感染，幼虫钻入肠壁，经血流移行到肺泡、细支气管、支气管和气管，在气管内发育为成虫。一般于感染后18～20天发育为成虫并产卵。

177. 比翼线虫病有哪些症状和病变？

患鹅病初食欲减退甚至废绝，精神沉郁，生长不良，消瘦，腹泻，粪便红色带黏液。最后因呼吸困难，窒息死亡。本病特征性症状是呼吸困难，常伸颈张口呼吸，并常伴发咳嗽和打喷嚏，头部时常左右摇甩，欲排出气管内黏液和虫体，最后因窒息、衰竭而死。

幼虫移经肺脏，可见肺淤血，水肿和肺炎病变。成虫期可见气管黏膜潮红，有出血性卡他性、黏液性炎症，上有被带血黏液所包围的虫体。

本病主要侵害幼禽，死亡率几乎达100%。成年禽症状轻微或不显症状，极少死亡。

178. 如何诊断和防治比翼线虫病？

根据特殊的开口呼吸症状，结合粪便或口腔黏液检查见有虫卵，经剖检或打开口腔观察，或用棉拭子插入气管擦拭，在气管或喉头附近发现虫体或者用漂浮法在粪便中查到虫卵即可确诊。

比翼线虫病的防治措施如下：

（1）勤清除粪便　粪便堆积发酵杀灭虫卵，保持禽舍和运动场卫生、干燥，杀灭蛞蝓、蜗牛等中间宿主。流行区对鹅群进行定期预防性驱虫。

（2）及时隔离并治疗　常用治疗药物和用法为：阿苯达唑（丙硫咪唑）按每千克体重 30～50 毫克，一次喂服。甲苯达唑（甲苯咪唑）按每千克饲料 125 毫克混饲，连用 3 天。碘溶液（碘片 1.5 克、碘化钾 1.5 克、纯化水 1 500 毫升）按每只鹅 1～1.5 毫升，气管注射或用细胶管灌服。

179. 寄生于鹅的毛细线虫有哪些？

鹅毛细线虫病是由毛首科毛细属的多种线虫寄生于消化道引起的。我国各地均有发生。严重感染时，可引起家禽死亡。鹅常见的虫种有鹅毛细线虫、鸭毛细线虫、膨尾毛细线虫等。

毛细线虫虫体细小，呈毛发状。前部细，为食道部；后部粗，内含肠管和生殖器官。雄虫有一根交合刺，雌虫阴门位于粗细交界处。虫卵呈棕黄色，腰鼓形，卵壳厚，两端有卵塞，卵内含一椭圆形胚细胞。鹅毛细线虫雄虫长 10～13.5 毫米，雌虫长 16～26.4 毫米，寄生于鹅小肠及盲肠。鸭毛细线虫雄虫长 6.7～13.1 毫米，雌虫长 8.1～18.3 毫米。该虫为直接型发育史，不需中间宿主。寄生于鹅、鸭盲肠。膨尾毛细线虫雄虫长 9～14 毫米，尾部两侧各有一个大而明显的伞膜。雌虫长 14～26 毫米。该虫的中间宿主为蚯蚓，寄生于鸡、火鸡、鸭、鹅和鸽的小肠。

　　成熟雌虫在寄生部位产卵，虫卵随禽粪便排到外界。直接型发育史的毛细线虫卵在外界环境中发育成感染性虫卵，其被禽类宿主吃入后，幼虫逸出，进入寄生部位黏膜内，约经 1 个月发育为成虫。间接型发育史的毛细线虫卵被中间宿主蚯蚓吃入后，在其体内发育为感染性幼虫，禽啄食了带有感染性幼虫的蚯蚓后，蚯蚓被消化，幼虫释出并移行到寄生部位黏膜内，经 19～26 天发育为成虫。

180. 鹅毛细线虫病有哪些临床症状和病理变化？如何防治？

　　患鹅精神萎靡，头下垂；食欲不振，常做吞咽动作，消瘦，下痢。严重感染时，各种年龄的鹅均可发生死亡。

　　虫体寄生部位黏膜发炎、增厚，黏膜表面覆盖有絮状渗出物或黏液脓性分泌物，黏膜溶解、脱落甚至坏死。病变程度的轻重因虫体寄生的多少而不同。

　　防治鹅毛细线虫病的工作有：

　　(1) 预防　搞好环境卫生；勤清除粪便并做发酵处理；消灭禽舍中的蚯蚓；对鹅群定期进行预防性驱虫。

　　(2) 治疗　左旋咪唑按每千克体重 20～30 毫克，一次喂服；甲苯达唑（甲苯咪唑）按每千克体重 20～30 毫克，一次喂服。

181. 鹅绦虫病的病原有哪些？

　　寄生于鹅的绦虫属于膜壳科的剑带属和膜壳属。种类较多，比较常见的有冠状膜壳绦虫、矛形剑带绦虫、缩短膜壳绦虫、巨头膜壳绦虫等。它们寄生于小肠。

　　剑带绦虫和膜壳绦虫的体形都较大，一般长 10～30 厘米；前者宽 5～18 毫米，后者宽 2～5 毫米。虫体均分为头节、颈节和多个体节（孕节），其中剑带绦虫有 20～40 个体节。

　　两种绦虫生活史相似，均以多种剑水蚤为中间宿主，虫卵被剑水蚤吞食后，在其体内经 7～9 天发育为似囊尾蚴，当鹅吞食含有似囊尾蚴的剑水蚤后感染。似囊尾蚴在鹅小肠内发育为成虫，并排出含有成熟虫卵的妊娠节片（孕节）。此外，淡水螺蛳可以作为某些膜壳绦虫的保虫宿主；除鹅、鸭外，野生水禽也能感染，成为本病的自然疫源。

182. 绦虫有哪些致病作用与症状？

绦虫病的危害较为严重，虫体寄生于鹅的小肠内，以其头节深入肠黏膜下层，造成肠的炎症；虫体分泌的有毒物质可对鹅的血液和神经系统发生毒害；同时虫体还可大量夺取营养。严重时可造成鹅消瘦、贫血、生长发育不良。拉稀，呈淡绿或灰绿色稀便，恶臭，混有黏液和长短不一的孕卵节片。病鹅精神不振，羽毛蓬乱无光泽。衰弱，走路无力，运动时摇晃，有时突然倒向一侧或仰卧，不易站起。病程后期头向后背，肢体强直，痉挛抽搐，呈划水动作而死亡。

本病对2周龄至4月龄幼鹅危害最大，常可造成成批死亡。

重症病鹅可在粪便中看到绦虫节片，起立困难，行走摇摆，伸颈张口，麻痹死亡。病鹅生长发育迟缓，贫血，拉稀，消瘦，离群呆立，零星死亡。

183. 绦虫病有哪些病理变化？如何诊断？

剖检见病死鹅血液稀薄如水，肠黏膜肥厚、充血，并有出血点和卡他性炎症，多处有米粒大结节状溃疡，肠腔内有多条白色、带状、分节的虫体（图38）；有的肠段变硬、变粗，虫体阻塞肠管；心内膜有出血点或出血斑。

患鹅出现贫血、消瘦、拉稀症状又无其他原因时，可怀疑为本病；用水洗沉淀法粪检，找到孕卵节片或虫卵可确诊。

图 38　病鹅小肠中的矛形剑带绦虫

184. 如何防治绦虫病？

（1）**预防性或治疗性驱虫**　对本病主要是采用药物进行预防性或治疗性驱虫，鹅群放牧下水容易被感染发病，因此，必须有计划用药物对鹅群进行驱虫。预防性驱虫一般在春秋两季进行。商品鹅群1～1.5月龄时驱虫1次。留种种鹅群除了1～1.5月龄时驱虫1次外，在4～5月龄时应再驱虫1次。驱虫后，及时清理粪便并堆积发酵处理。

（2）**注意放牧地点**　由于剑水蚤及甲壳类动物为鹅绦虫的中间宿主，尽量不要到死水塘及有中间宿主的地带去牧鹅。

（3）**药物驱虫**　治疗和预防驱虫可选用以下药物：

①硫双二氯酚（硫氯酚，别丁），按每千克体重150～200毫克，一次喂服。

②吡喹酮，按每千克体重10毫克，一次喂服。

③氯硝柳胺，按每千克体重50～60毫克，一次喂服。

④阿苯达唑（丙硫咪唑），按每千克体重30～40毫克，一次服用，10日后，再服一次。

⑤将南瓜子炒熟去皮，连同槟榔片研为细末，按槟榔1份、南瓜子10份的比例制成槟榔南瓜子合剂。服用时按每千克体重1克槟榔末的用量计算药量，直接填喂，喂后饮水。效果较好，无副作用。

185. 前殖吸虫病的病原是什么？

前殖吸虫病是危害产蛋鹅的一种寄生虫病。其虫体主要寄生于鹅的直肠、腔上囊、泄殖腔和输卵管，严重者继发卵黄性腹膜炎而死亡。目前已知的前殖吸虫有六种，即卵圆前殖吸虫（图39A）、楔形前殖吸虫（图39B）、巨睾前殖吸虫（图39C）、罗氏前殖吸虫、鸭前殖吸虫和透明前殖吸虫，其中较为常见的是卵圆前殖吸虫和透明前殖吸虫。前殖吸虫虫体扁平，呈梨形，长3~8毫米、宽1~4毫米。

前殖吸虫的生活史需要两个中间宿主，第一中间宿主是淡水螺；第二中间宿主是蜻蜓的幼虫和成虫。成虫在寄生部位产卵后，虫卵随粪便进入水内被淡水螺吞食，依次发育为毛蚴、胞蚴和尾蚴，尾蚴自螺体内逸出进入水中，如遇到蜻蜓幼虫和稚虫，即钻入其体内并发育成囊蚴。囊蚴在蜻蜓幼虫或成虫体内长期保持活力，当鹅摄食了蜻蜓幼虫或成虫，囊蚴即进入鹅体内并发育成童虫，童虫移行到泄殖腔、输卵管及法氏囊等处寄生，并发育成成虫。

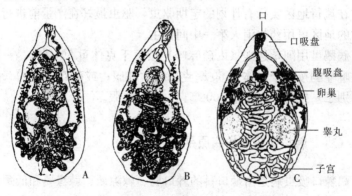

图 39　前殖吸虫

A. 卵圆前殖吸虫　B. 楔形前殖吸虫　C. 巨睾前殖吸虫

186. 前殖吸虫病有何流行特点？

本病分布于全国各地，常呈地方性流行。江湖河流交错的地区适宜于各种淡水螺的滋生和蜻蜓的繁殖，有利于本病的流行，尤以华东、华南地区较为多见。春、夏两季发病较多。各种年龄的鹅均可发生感染，但以产蛋母鹅发病严重。本病除感染鹅外，鸭、鸡和野鸭及其他多种野鸟均可发生感染。带虫禽是本病的主要污染源。

187. 前殖吸虫病有哪些临床症状和病理变化？如何防治？

鹅在发病初期没有明显的症状，当虫体破坏输卵管的黏膜和分泌蛋白及蛋壳的腺体时，就使得鹅成蛋的正常机能发生障碍。鹅产出无壳蛋、软壳蛋或无卵黄蛋等畸形蛋。一旦输卵管破裂，卵子、蛋白及一些细菌进入腹腔，可导致卵黄性腹膜炎。病鹅表现为精神委顿、食欲不振、消瘦，并排出蛋壳碎片、流出大量黏稠的蛋白，严重者泄殖腔脱出，继而发生死亡。

病理变化主要表现为输卵管炎和泄殖腔炎，黏膜充血、出血、增厚，表面可见虫体附着。在发生卵黄性腹膜炎的病例，其腹腔中有一些形态不规则的变性卵子。

在流行地区实行有计划的定期驱虫，驱虫最好在产蛋前进行。有条件的地区可用药物消灭第一中间宿主。

病鹅可用阿苯达唑（丙硫咪唑）按每千克体重 50 毫克，一次喂服；吡喹酮按每千克体重 60 毫克，一次喂服；或硫双二氯酚（硫氯酚、别丁）按每千克体重 100 毫克，一次喂服。

188. 棘口吸虫病的病原是什么？

鹅棘口吸虫病是由棘口科的棘口属、棘隙属、棘缘属和低颈属的多种吸虫寄生于鹅的大、小肠、盲肠、直肠和泄殖腔引起的，常见的棘口吸虫有卷棘口吸虫、曲领棘缘吸虫等。

卷棘口吸虫虫体呈长叶状（图 40A），淡红色，体表有小刺。虫体长 7.6～12.6 毫米，宽 1.26～1.60 毫米。其特点是虫体前端具有发达的头冠，头冠上有头棘 37 个（图 40B）。口、腹吸盘相距较近，口吸盘小于腹吸盘。虫卵呈椭圆形，金黄色，大小为 114～126 微米×

64～72 微米，虫卵稍尖的一端有一卵盖。

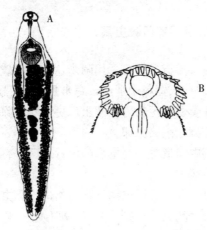

图 40　卷棘口吸虫雌虫成虫（A）和雄虫头部（B）

棘口吸虫的发育需要两个中间宿主，第一中间宿主为淡水螺类，第二中间宿主为淡水螺类、蝌蚪及淡水鱼等。虫卵随鹅等终宿主的粪便排出体外，适宜的条件下在水中孵化出毛蚴，钻入第一中间宿主淡水螺（椎突螺、萝卜螺等），在其体内经胞蚴和一、二代雷蚴、后发育为尾蚴，尾蚴离开第一中间宿主进入水中，遇到第二中间宿主淡水螺（扁卷螺、豆螺等）、蚬、蝌蚪后，进入其体内发育为囊蚴。鹅食入了含有囊蚴的蝌蚪或螺而被感染。囊蚴中的童虫附着在肠壁上，大约经过 16～22 天发育为成虫。

棘口吸虫分布广泛，尤其在长江流域及其以南地区较为多见。对雏鹅的危害性较大。可全年感染，但以 6～8 月为感染高峰季节。

189. 鹅棘口吸虫病有哪些临床症状和病理变化？

本病对雏鹅危害较为严重。由于虫体的机械性刺激和毒素作用，使鹅的消化机能发生障碍。病鹅表现食欲不振，消化不良，下痢，粪便中带有黏液和血丝，贫血、消瘦，生长发育受阻，最后由于极度衰竭而死亡。成年鹅体重下降，母鹅产蛋量减少。

剖检时可见肠道有出血性肠炎变化，直肠和盲肠黏膜上附着有许

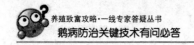

多淡红色的虫体，引起肠黏膜的损伤和出血。

190. 如何防治鹅棘口吸虫病？

（1）计划驱虫　流行季节可选用阿苯达唑（丙硫咪唑）按每千克体重 10 毫克，均匀拌入饲料中喂给，每半月进行一次。

（2）及时清除粪便等污物　在驱虫后更要对清除的粪便进行严格处理，进行堆积发酵，杀灭虫卵。

（3）灭螺消灭中间宿主　在本病的流行地区，有条件的可开展灭螺工作，消灭中间宿主。

（4）药物驱虫　发病后可选用下列药物进行驱虫。

①硫双二氯酚（硫氯酚，别丁），按每千克体重 150～200 毫克，一次喂服。

②氯硝柳胺，按每千克体重 50～100 毫克，一次喂服。

③阿苯达唑（丙硫咪唑），按每千克体重 30～50 毫克，一次喂服。

④吡喹酮，按每千克体重 10～20 毫克，一次喂服。

⑤槟榔煎剂（槟榔粉 50 克，加水 1 000 毫升，煎半小时后约剩750 毫升，然后用纱布滤去药渣），按每千克体重 7.5～11 毫升，空腹灌服。

191. 什么是嗜眼吸虫病？

嗜眼吸虫病俗称眼吸虫病，是由嗜眼科嗜眼属的多种嗜眼吸虫寄生于鹅及其他家禽的眼结膜而引起的寄生虫病。临床上常见于成年鹅，主要特征为眼结膜、瞬膜水肿、发炎、流泪，严重者可引起失明而导致采食困难，逐渐消瘦死亡。也是一种危害鹅的常见吸虫病。

192. 嗜眼吸虫病的病原是什么？有何流行特点？

常见的鹅嗜眼吸虫种类为涉禽嗜眼吸虫（图 41A）。新鲜虫体呈微黄色，外形呈叶形，半透明。虫体长 3～8.4 毫米，宽 0.7～2.1 毫米，腹吸盘大于口吸盘，生殖孔开口于腹吸盘和口吸盘之间，雄精囊细长，睾丸呈前后排列，卵巢位于睾丸之前，卵黄腺呈管状，位于虫体中央两侧，腹吸盘后至睾丸前充满被盘曲的子宫，子宫内虫卵都含有发育完全的毛蚴。虫卵呈不对称的长椭圆形，大小长 155～173 微米，宽 70～81 微米。卵壳透明，可清楚观察到其内的毛蚴结构（图41B）。

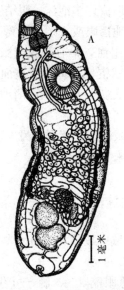
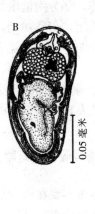

图 41　涉禽嗜眼吸虫的成虫（A）和虫卵（B）

嗜眼吸虫成虫寄生于眼结膜囊内，虫卵随眼分泌物排出，遇水立即孵化出毛蚴，毛蚴进入适宜的螺体内，经母雷蚴、子雷蚴等发育阶段，最后发育成尾蚴。从毛蚴发育为尾蚴约需 3 个月的时间。尾蚴主动地从螺体内逸出，可以在螺蛳外壳的体表或任何一种固体物的表面形成囊蚴。当含有囊蚴的螺等被禽类吞食后即被感染，囊蚴在口腔和食道内脱囊逸出童虫，在 5 天内经鼻泪管移行到结膜囊内，约经 1 个月发育成熟。

涉禽嗜眼吸虫可寄生于各种不同种类的禽类，鹅、鸡、火鸡、孔雀等是本虫常见的宿主。但临床上主要以散养的成年鹅、鸭多见。在

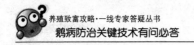

一些养鹅地区，感染率很高，可达80％。在每年的7～9月为高发期。

193. 嗜眼吸虫病有哪些临床症状和病理变化？

虫体寄生于禽类的瞬膜和结膜囊内，大多数病禽单侧眼有虫体，只有少数病例双眼患病，由于虫体机械性刺激并分泌毒素，患禽病初流泪，眼结膜充血潮红，泪水在眼中形成许多泡沫，眼结膜和瞬膜水肿，虫体的刺激致使病禽用脚蹼不停地搔眼或头颈回顾翼下或背部将患眼揩擦搔痒，部分病例眼结膜点状出血，常有黏膜或脓性分泌物。病禽常双目紧闭，少数病例，角膜点状混浊，或角膜表面形成溃疡，严重时双目失明，不能不觅食，行走无力，离群，逐渐消瘦、瘫痪、衰竭死亡。

剖检病变与上述的临床症状描述眼部变化相同。另外，可以在眼角内的瞬膜处发现虫体，而内脏器官未见明显病变。

194. 嗜眼吸虫病有哪些防治措施？

散养鹅尽量不要在流行地段的水域中放养。若将水草（或螺蛳）作为饲料饲喂时应事先进行灭囊处理。

病鹅可用75％酒精滴眼，每只患眼滴4～6滴，可获得满意疗效。其次还可用人工的方法摘除虫体，但必须去除干净，否则效果不佳。

195. 什么是羽虱？

羽虱属于昆虫纲食毛目，呈长形或宽圆形，分为头、胸、腹3部分（图42）。体型微小。体长0.5～10毫米。头近似三角形，复眼退化，无单眼。触角短。口器为咀嚼式，有1对骨化很强的上颚。前胸独立，中、后胸独立或相互愈合。背腹扁平，白、淡黄或褐色。体壁坚韧，无翅，善于爬行。雌、雄性生殖孔均开口于体壁内陷而成的腔室中。雌虫无产卵器，雄虫的阴茎结构复杂，变化多样，是鉴别种的主要特征之一。

　　羽虱是禽类体表的常见的外寄生虫。种类很多，各种羽虱都有各自特定的宿主（如鸡羽虱不感染鹅），并有一定的寄生部位。同一鹅体可同时被数种羽虱寄生。常见的鹅羽虱有鹅巨毛虱、颊白羽虱和鹅羽虱等。颊白羽虱寄生部位是外耳道、颈部和羽翼下的绒毛上；鹅巨毛虱寄生在鹅体上；鹅羽虱寄生部位为鹅的翅部羽毛。虱是永久性寄生虫，终生都在鹅体上。其发

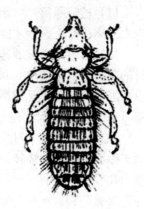

图42　羽　虱

育为渐变态。鹅虱产的卵常集合成块，粘着在羽毛的基部，依靠鹅的体温孵化，经5～8天变成幼虱，在2～3周内经3～5次蜕皮而发育为成虫，成虫又可产卵。常1年多代，且世代重叠。传播方式主要是鹅的直接接触传染，一年四季均可发生，冬季较严重。羽虱流行范围很广，许多鹅场都有寄生。丘陵地区较低洼地区感染程度严重，产蛋鹅较肉仔鹅感染严重，常下水的鹅较少感染。

196. 羽虱有哪些致病作用？引起哪些症状？

　　羽虱以羽毛或皮屑为食，引起鹅奇痒，干扰采食与休息，造成消瘦、产蛋下降等；鹅啄羽而造成羽毛折断，给养鹅业带来一定经济损失。致病作用主要是虱的寄生造成鹅体瘙痒不安，干扰鹅的采食与休息，使鹅生长发育缓慢，消瘦，抵抗力下降，母鹅产蛋下降；颊白羽虱常使寄生的外耳道发炎，并有干性分泌物堆积于外耳道内。

　　症状表现为鹅频繁搔痒，用嘴啄毛，使羽毛脱落或折断。

197. 如何诊断和防治鹅羽虱？

　　本病诊断较容易，检查羽毛和外耳道，发现羽虱或卵即可确诊。

　　鹅羽虱的防治措施有以下几个方面：

(1) 检疫隔离　对新引进的种鹅必须检疫，如发现有鹅虱寄生，应先隔离治疗，愈后才能混群饲养。

(2) 鹅舍清扫喷洒药物　鹅舍要经常清扫，垫草常换。在鹅虱流行的养鹅场，可选用0.02％胺丙畏、0.2％敌百虫水溶液、0.03％除虫菊酯、0.01％溴氰菊酯和0.01％氰戊菊酯等药液喷洒鹅舍、产蛋箱、地面及用具等，杀灭其上的鹅虱。

(3) 治疗方法　对病鹅有以下两种治疗方法。一是用上述药液喷洒于鹅羽毛中，并轻轻搓揉羽毛使药物分布均匀。二是将患鹅浸入药液中几秒钟，把羽毛浸湿。在寒冷季节要选择温暖晴朗的天气进行。各种灭虱药物对虱卵的杀灭效果均不理想，因此10天后需再治疗一次，以杀死新孵化出来的幼虱。

198. 什么是蜱螨?

蜱螨是一类小型节肢动物，隶属于节肢动物门，蛛形纲，蜱螨目。外形呈圆形、卵圆形或长形等。小的虫体长仅0.1毫米左右，大者可达1厘米以上。常见的也是较为重要的鹅蜱螨类寄生虫主要是软蜱科锐缘蜱属的波斯锐缘蜱、刺皮螨属的鸡刺皮螨和羽管螨属的双梳羽管螨。

波斯锐缘蜱又称软蜱、鸡蜱，主要寄生于鸡、鸭、鹅和野鸟。波斯锐缘蜱（图43）体扁平，呈卵圆形，淡灰黄色。假头位于前部腹面，从背面看不到。体缘薄锐，呈条纹状或方块状。背面与腹面以缝线分界。表皮上有细小的皱褶和许多呈放射状排列的凹窝，无眼。幼虫3对足，若虫和成虫4对足。

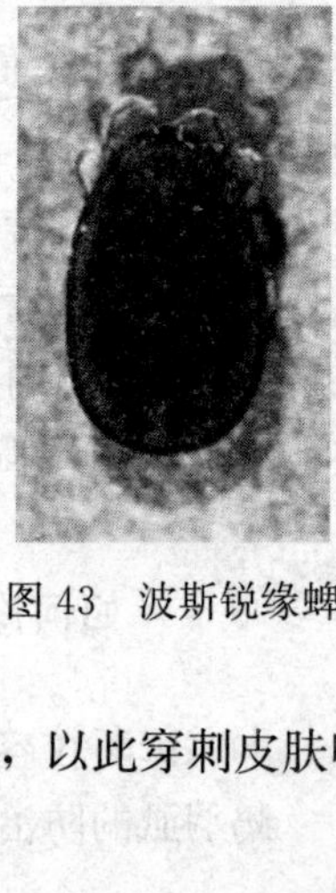

图43　波斯锐缘蜱

鸡刺皮螨又称红螨和鸡螨。虫体（图44）呈淡红色或棕灰色，长椭圆形，后部稍宽，体表布满短绒毛。体长0.6～0.75毫米，吸饱血后体长可达1.5毫米。刺吸式口器，一对螯肢呈细长针状，以此穿刺皮肤吸血。幼虫3对足，若虫和成虫有四对足。

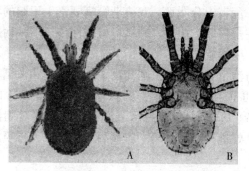

图 44　鸡刺皮螨雌虫背面（A）和腹面（B）

双梳羽管螨柔软狭长，两侧近平行，乳白色。雌虫长 0.73～0.99 毫米，宽 0.18～0.28 毫米；雄虫长 0.23～0.29 毫米，宽 0.15～0.19 毫米。

蜱螨的发育属渐变态，需经虫卵、幼虫、若虫和成虫四个阶段。软蜱的虫卵孵出幼虫，幼虫在 4～5 日龄时寻找宿主吸血，吸血 4～5 次后离开宿主，经 3～9 天蜕皮变为第一期若虫，寻找宿主吸血后，离开宿主隐藏 5～8 天，蜕皮后变为第二期若虫；第二期若虫在 5～15 天内吸血，吸血后，隐藏 12～15 天蜕化为成虫。大约 1 周后，雌虫和雄虫交配，之后 3～5 天雌虫产卵。整个生活史需 7～8 周。

刺皮螨虫卵经 2～3 天孵化出幼虫，幼虫不吸血，经 2～3 天蜕化为第一期若虫；第一期若虫吸血后，经 3～4 天蜕化为第二期若虫，第二期若虫再经半天至 4 天蜕化为成虫。整个生活史约 1 周。

软蜱和刺皮螨白天隐匿于禽的窝巢、房舍及其附近的砖石下或树木的缝隙内，夜间活动和侵袭动物吸血，但幼虫的活动不受昼夜限制。

199. 蜱螨有哪些危害性？如何防治？

蜱螨对宿主的危害主要是吸血引起的。鹅受到少量蜱螨侵袭时，一般不表现临床症状。当受到大量蜱螨侵袭时，鹅表现不安，贫血，消瘦，衰弱，生长缓慢，产蛋量下降，严重时可造成死亡。尤其是软

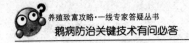

蜱吸血量大，危害十分严重。双梳羽管螨则寄生于鹅的羽管内，引起羽毛部分或完全损坏。此外，蜱螨可机械性传播多种病原，软蜱则可作为鸡、鸭、鹅螺旋体的传播者。

蜱螨的防治主要是用杀虫剂药物杀灭禽体上和禽栖居、活动场所中的虫体。可选用 0.2％的敌百虫水溶液、0.01％的溴氰菊酯、0.25％蝇毒磷、0.5％马拉硫磷水溶液等药液直接对鹅体、垫料、墙壁等蜱螨栖息处进行喷洒。第一次喷洒后 7～10 天再喷洒一次。

五、鹅的营养代谢病及中毒性疾病

200. 什么是营养代谢病？营养代谢病一般分为哪几类？

所谓营养代谢疾病，是营养紊乱和代谢紊乱疾病的总称。营养紊乱是因动物所需的某些营养物质供给不足或缺乏，或者因某些营养物质过量而干扰了另一些营养物质的吸收和利用而引起的疾病。代谢紊乱是因体内一个或多个代谢过程异常改变导致内环境紊乱引起的疾病。

营养代谢疾病一般分为糖、脂肪、蛋白质代谢紊乱性疾病，维生素营养缺乏症，矿物质营养缺乏症，原因未定的营养代谢疾病。

201. 营养代谢疾病有哪些共同的特点？

营养代谢疾病的发生、发展、临诊经过方面有一些共同特点。如：病的发生缓慢，病程一般较长；发病率高，多为群发；生长速度快的鹅容易发生；多呈地方性流行；临床症状虽然表现多样化，但大多都有生长发育障碍；一般无接触传染病史，体温变化不大；通过饲料或土壤或水源检验和分析，一般可查明病因；通过补充某一营养物质或营养元素，减少某一物质或营养元素的供给，可以预防或治疗该病；具有特征性的器官和系统病理变化，有的还有相应的血液生化指标的改变。

202. 鹅营养代谢病的诊断程序是怎么样的？如何进行诊断？

鹅营养代谢病的诊断应依据流行病学调查、临床检查、鹅的病理变化和组织学研究。更为重要的是有目的地对鹅适当的器官、组织、体液、排泄物、皮肤衍生物等样品作化学及生物化学分析；对饲料、饮水及土壤作目标性化学成分分析；以同种或同类动物做试验，人工复制疾病；若怀疑为缺乏某种矿物元素或维生素时，应给予补充，以观察预防和治疗作用。经过一系列程序并作综合分析方可作出最后诊断。

群发性营养代谢疾病，尤其是地方流行的疾病诊断是比较复杂的，不仅需要兽医临床工作者努力，还要营养学、临床化学、临床病理学、生物化学、地学、土壤学、医学等专家密切配合，共同努力，按照一定的程序进行综合分析确诊。

首先要排除传染病、寄生虫病和中毒性疾病，然后认真观察鹅的临床表现，进行饲料调查、环境调查、实验室诊断、动物回归试验及治疗。有些动物试验，需要经过较长时间，会受到许多意想不到的因素的影响，甚至最后失败。因此，群发性动物营养代谢病的诊断有时并不是一件简单的事情。

203. 营养代谢病的防治措施是什么?

防治营养代谢病的关键措施是要做到准确、均匀、足量、及时、经常不间断、经济和方便地在给鹅的日粮和饮水中添加目标营养成分，如维生素、微量元素等。同时应注意饲料的保管，防止发生酸败、发酵、产热和氧化，以免将营养物质破坏。

204. 鹅维生素 A 缺乏症是怎么回事? 病因有哪些?

维生素 A 是家禽生长、视觉以及黏膜的完整性（正常生长和修复）所必需的营养物质。鹅如缺乏维生素 A，不仅其胚胎和雏禽的生长发育不良，而且还会引起眼球的变化而导致视觉障碍。此外，还会损害消化道、呼吸道和泌尿生殖道。缺乏维生素 A 可以降低鹅体的抵抗力，易感染其他传染病。

维生素 A 是一种脂溶性的物质，不稳定，很容易被氧化而失效。主要存在于动物细胞中，特别是在肝细胞中含量最丰富。植物中维生素 A 的含量极少，主要是含维生素 A 原（维生素 A 的前身），其在豆科绿叶、绿色蔬菜、南瓜、胡萝卜及黄玉米中含量最丰富。

雏鹅和刚产蛋的新母鹅常发生维生素 A 缺乏症，主要是由于饲料中缺乏维生素 A 原所引起的。此外，鹅群运动不足、饲料中缺乏矿物质、饲养条件不良以及患胃肠道疾病（如球虫病、蠕虫病等）也都是促使鹅发病的重要原因。

205. 鹅维生素 A 缺乏症诊断要点是什么？

1 周龄左右的雏鹅在维生素 A 缺乏时，软骨内造骨过程被抑制，骨骼发育出现障碍，因而病鹅生长发育停滞，消瘦，羽毛松乱，无光泽，运动无力，两脚瘫痪，眼流泪，上下眼睑粘连，眼发干，形成一干眼圈，角膜混浊不清，眼球凹陷，双目失明。

患鹅可见眼结膜囊内有大量干酪样渗出物，眼球萎缩凹陷。口腔和食道黏膜发炎，有散在的白色坏死灶。肾小管内蓄积大量尿酸盐。此外，在心脏、心包、肝脏和脾脏表面也可见尿酸盐的沉积，这是由于缺乏维生素 A 引起肾脏机能障碍导致尿酸盐不能正常排泄所致。病鹅的胸腺、法氏囊及脾脏等免疫器官发生萎缩，免疫功能明显下降。

206. 鹅维生素 A 缺乏症的预防措施和治疗方法是什么？

预防措施要防止雏鹅的先天性维生素 A 缺乏症，须使产蛋母鹅的饲料中含有足够的维生素 A；同时应注意饲料的保管，防止发生酸败、发酵、产热和氧化，以免维生素 A 被破坏。

治疗方法主要是在日粮中补充富含维生素 A 或维生素 A 原的饲料，如鱼肝油及胡萝卜、三叶草等青绿饲料。幼鹅可肌注 2 毫升鱼肝油（每毫升含 5 万国际单位维生素 A）。需大群治疗时，可在每千克饲料中补充 1 万国际单位维生素 A。

207. 鹅维生素 D 缺乏症是怎么回事？病因有哪些？

维生素 D 是十几种具有维生素 D 活性的化合物的总称，对鹅类有重要影响的主要是维生素 D_3。维生素 D 的主要作用是参与机体的钙、磷代谢，促进钙、磷在肠道的吸收以及在骨骼中的沉积，同时还能增强全身的代谢过程，促进生长发育，是鹅体参与组成骨骼、喙、爪和蛋壳的必需物质。

维生素 D 缺乏会造成钙、磷缺乏，骨骼不能进行钙化，结果骨质软化，因此也称为佝偻病或骨软化症。维生素 D 的来源主要有两个途径：一是晒干的青绿植物，其中的麦角固醇经紫外线照射后转化成维生素 D_2；二是鲜肝、肝粉、鱼肝油等，其中的维生素 D 是由皮肤中的 7-脱氢胆固醇经紫外线照射而成的，形成后大多贮存在肝脏。绝大部分常用饲料中不含维生素 D 或含量较少，但一般情况下，并不需要特别补充维生素 D，因为鹅的皮肤和许多饲料中的胆固醇和麦角固醇可通过阳光中的紫外线转变为维生素 D。

饲料中缺乏维生素 D、维生素 D 制剂添加量不足以及鹅群缺乏阳光或紫外线的照射等均是造成维生素 D 缺乏症的原因。

208. 鹅维生素 D 缺乏症的诊断要点是什么？

维生素 D 缺乏症主要多发于雏鹅，最早的在 10 日龄左右出现症状，大多在 1 月龄前后表现明显，病雏呈现生长停滞，体质虚弱，骨骼发育不良，两腿无力，步态不稳或不能站立，腿骨变软、变脆，易骨折，喙和趾变软，易弯曲，肋骨也变软，椎肋与胸肋交接处发生肿大，触之有小球状结节。成鹅缺乏维生素 D 时主要表现为产蛋减少，甚至停产，蛋壳变薄，或经常产软壳蛋，种蛋孵化率降低，少数鹅在产蛋后，往往腿软不能站立，蹲伏数小时后才恢复正常，严重的病鹅也有胸骨、肋骨和腿、趾变软和行走困难的现象。

剖检可见椎肋与胸肋交接处形成"串珠状"结节，长骨的骨端钙化不良、质脆，严重时胫骨也变软易弯曲。成鹅的喙、胸骨变软，骨质变脆，肋骨与胸骨、椎骨结合处内陷，肋骨内侧表面有小球状的突起。

209. 鹅维生素 D 缺乏症的防治措施是什么？

加强饲养管理，尽可能让病鹅多晒太阳，也可在鹅舍中用紫外线照射。由于维生素 D 与机体的钙、磷代谢密切相关，所以一般在进行治疗时应注意饲料中的钙、磷含量及钙、磷搭配的比例。

鹅缺乏维生素 D 时，除在日粮中增加富含维生素 D 的饲料外，还可在每千克饲料中添加清鱼肝油 10～20 毫升，同时在每千克饲料中添加多维素 0.5 克，一般持续 2～4 周。病鹅可滴服鱼肝油数滴，每天 3 次；或肌注维丁胶性钙注射液每天 0.2 毫升，连用 7 天左右。

210. 鹅维生素 E 和硒缺乏综合征是怎么回事？其病因有哪些？

维生素 E 是几种生育酚的总称。幼鹅缺乏维生素 E 时，可发生脑软化症、渗出性素质和肌营养不良（白肌病）。

维生素 E 在家禽营养中的作用是多方面的，它不仅是正常生殖机能所必需的，而且是一种最有效的天然抗氧化剂，对于饲料中诸如脂肪酸及其他高级不饱和脂肪酸、维生素 A 和 D、胡萝卜素及叶黄素等成分具有保护作用，能够预防脑软化症。由于机体在代谢过程中会产生过氧化物，破坏细胞的脂质膜，导致细胞发生变性和坏死，而维生素 E 能够抑制不饱和脂肪酸的过氧化过程，对细胞的脂质膜起保护作用。

维生素 E 和硒之间具有互相补偿和协同作用，谷胱苷肽过氧化物酶对分解体内的过氧化物起着重要作用，微量元素硒则是其重要组成部分，可防止过氧化物对细胞的损害。缺乏维生素 E 和硒都能引起脑软化（坏死）和肌肉组织营养不良（维生素 E 和硒缺乏综合征）。

211. 鹅维生素E和硒缺乏综合征的诊断要点是什么？

患病幼鹅病初精神委顿，食欲减少，体质下降，消瘦，趾和喙发白，两腿麻痹，软弱无力，步态不稳，不能站立，喜卧，最后倒卧一侧，抽搐死亡。腹围增大，腹部触摸时有波动感。腹腔有大量淡黄色清朗的渗出液体，肝脏表面覆盖着一层白色或淡黄色膜，与肝组织紧密粘贴，不易分离。病程较长病例，肝组织呈肌化肝脏。心包有大量淡黄色清朗液体，心肌特别松软，有些病例有白色条纹及坏死。肌肉，尤其是胸部和腿部肌肉色泽苍白，有些病例有出血斑或黄白色条纹状坏死。全身皮下，尤其是胸腹部皮下和颈部皮下有淡黄色胶样渗出液。

212. 鹅维生素E和硒缺乏综合征的防治措施是什么？

发病鹅群首先查找饲料及原料的来源。如在缺硒地区，或饲喂缺硒的饲料时，应加入含硒的微量元素添加剂。此外，应加强饲料的保管，不要受热，防止酸败。饲料应存放在干燥、阴凉、通风的地方，存放时间不宜过久。饲喂时，应保证每千克饲料中含有20～25毫克维生素E和0.14～0.15毫克的硒。

缺硒所致的病例，每只鹅可立即用0.005%亚硒酸钠液皮下或肌内注射1毫升，注射数小时后可见症状减轻。还可在饲料中按每千克饲料添加亚硒酸钠0.5毫克，连喂3天可见康复。

缺乏维生素E的病例，每只鹅可口服300国际单位维生素E，连喂3天可康复；并可在饲料中按每千克饲料添加50～100毫克维生素E，连喂10余天，有良好效果。对于既缺乏维生素E又缺乏硒的病例，可用亚硒酸钠维生素E注射液进行治疗。

213. 鹅痛风症是由什么原因引起的？其病因是什么？

痛风是由于蛋白质代谢发生障碍所引起的疾病，青年鹅和成年鹅都能发生。它的特征是在鹅的体内蓄积着尿酸或尿酸盐（主要是尿酸钠）的沉淀。这种尿酸盐是由核蛋白产生的，可能来自食物中的蛋白质，也可能是由自身组织所产生的。本病的发生原因至今尚未研究清楚，可能与饲料有关，也可能与肾脏机能障碍有关。本病在雏禽也能发生，特别是常见于饲喂动物蛋白较高的肉用仔鹅群。

饲料中的蛋白质（特别是核蛋白）含量过高、饲料中缺乏充足的维生素 A 和 D、饲料中矿物质含量配合不适当、肾机能障碍或磺胺类药物使用不当等原因均可诱发本病的发生。实际上，凡是能引起肾脏机能损伤的因素（如某些霉菌毒素、病毒毒素、球虫药等）以及引起内脏器官中尿酸盐沉积的因素，均可诱发此病。此外，鹅舍过分拥挤或潮湿阴冷、鹅群缺乏适当的运动和日光照射以及许多疾病也都是促进痛风发生的因素。

214. 鹅痛风症的诊断要点是什么？

依据尿酸盐在体内沉积部位的不同，痛风可以分为内脏痛风和关节痛风两种病型，有时可以同时发生。禽群中常见的是内脏痛风。

成鹅发生痛风后，表现全身性营养障碍的症状，病鹅食欲不振，逐渐消瘦和衰弱，羽毛松乱，精神委顿，贫血。母鹅产蛋减少以至完全停产。有时可见腹泻，排出白色、半液状的稀粪，其中含有多量尿酸盐。肛门松弛，收缩无力。病鹅的死亡率很高。

内脏痛风的病鹅，在剖检时，可见肾脏肿大，色泽变淡，表面有尿酸盐沉积所形成的白色斑点。输尿管扩张变粗，管腔中充满石灰样沉淀物。严重的病鹅，在肝、心、脾、肠系膜及腹膜等器官的表面也常有这种石灰样的尿酸盐沉淀物覆盖，有时可形成一层白色薄膜。沉淀物在显微镜下观察，可以看到许多针状的尿酸钠结晶。

关节痛风发生较少。它的特征是脚趾和腿部关节肿胀，活动软弱无力，病鹅跛行。剖检时可见关节表面和关节周围组织中有白色尿酸盐沉着，有些关节表面还发生糜烂。

215. 鹅痛风症的防治措施是什么？

本病的发生与肾脏机能障碍有密切关系，所以平时要注意防止影响肾脏机能的各种因素的存在。适当减少饲料中的蛋白质含量，特别是动物蛋白的含量，供给充足的新鲜青绿饲料和饮水，可在饲料中补充丰富的维生素（特别是维生素 A），并注意给予鹅群充分的运动。亦可试用鲜草药海金沙或车前草（1 千克煎汁后，用 15 千克清水稀释）作饮料自饮，促使尿酸盐排出体外。

216. 鹅钙缺乏症是怎么回事，病因是什么？

鹅所需的钙质大约 99％用于构成骨骼和蛋壳，其余分布于细胞和体液中，对维持神经、肌肉、心脏的正常功能及体内酸碱平衡、促进伤口血液迅速凝固等具有重要作用。

家禽所需的钙质主要来源于骨粉、贝壳粉、石粉、鱼粉等，饲料中含钙不足而又不能自由觅食沙砾、饲料中含磷过多或钙磷比例不当而影响钙质的吸收、维生素 D 缺乏等原因均会引起钙的缺乏。此外，饲料中含有过多的脂肪酸和草酸以及慢性下痢等也会引起本病的发生。鹅由于以放牧为主，自由觅食，青饲料较多，一般很少出现钙缺乏现象，但当阴雨连绵，放牧时间受限，而补充的精料钙质较少，再加上缺乏光照，则会出现钙缺乏的现象。

217. 鹅钙缺乏症的诊断要点是什么？如何防治？

雏鹅缺钙一般表现为生长发育迟缓，骨骼发育不良，质脆易折断，或变软易弯曲，尤其是腿骨，严重时两腿变形外展，关节肿大，站立不稳，胸廓也变形，与维生素 D 缺乏症相似。此外，血液中血红蛋白和红细胞减少，物质代谢受阻，甚至发生瘫痪或因心肌衰竭、组织出血而死亡。产蛋鹅缺钙主要表现为产蛋减少，蛋壳变薄、易破，严重时产软壳蛋、无壳蛋，骨质变脆易骨折。

防治本病的关键在于加强饲养管理，调整饲料中营养成分的比例，注意添加鱼粉、骨粉、贝壳粉或石粉，以保证钙的含量。此外，可于饲料中适当添加多维素，必要时酌情放入适量的鱼肝油，有条件的可让其多晒太阳，或用紫外线照射。在防治钙缺乏症时，应同时注意防止钙质过多。过多的钙质会形成钙盐在肾脏中沉积，损害肾脏，阻碍尿酸排出，促进痛风的发生，成年鹅还会表现有采食、产蛋减少，蛋壳上有钙质颗粒，蛋的两端粗糙。

218. 鹅磷缺乏症的病因是怎么回事？

鹅所需的磷约有 80％ 与钙一起参与构成骨骼成分，其余分布在全身组织中，可参与磷脂、核酸和某些酶的组成，具有广泛的生理作用，蛋壳也需要少量的磷参与构成。

饲料中全部的磷称为总磷，其中机体可吸收利用的部分称有效磷。鱼粉、骨粉等饲料中的磷，机体容易吸收利用，视为有效磷。植物性饲料中的磷，机体只能利用 30％ 左右，所以提供磷的饲料主要是动物性和矿物性饲料。如果长期单纯饲喂一些谷物饲料，或配合饲料中骨、鱼粉缺乏，再加上维生素 D 缺乏，往往会引起磷缺乏症。

219. 鹅磷缺乏症的诊断要点和防治措施是什么？

鹅缺磷时主要表现为厌食、倦怠，生长发育迟缓，骨骼发育不良，严重时的表现与钙缺乏相似。

防治措施是注意调整饲料中的含磷量，一般要求饲料中含有效磷0.4％～0.55％，雏鹅略多点，产蛋鹅略少，具体防治办法同钙缺乏症。但防治中也应注意磷过量，如过量往往会妨碍机体对钙的吸收利用。

220. 鹅啄食癖是怎么形成的？引起鹅啄食癖的原因有哪些？

啄食癖是啄肛、啄羽、啄趾、啄蛋甚至啄皮肉等恶癖的统称，是大群养殖时很容易发生的一种现象。由于相互啄食，往往造成创伤，甚至死亡。其中啄肛危害最大，常将肛门周围及泄殖腔啄得血肉模糊，甚至将后半段肠管啄出吞食；啄羽如果是偶尔发生，问题不大，严重时啄掉大量羽毛，特别是尾羽被啄光，露出皮肤，就会进一步引起啄皮肉和啄肛，同时吞食羽毛也会造成鹅食道膨大部阻塞；啄趾一般多见于幼鹅，也会造成脚趾出血、跛行等现象。

引起啄食癖的原因很多，大致可包括以下几个方面：

管理方面的原因：①鹅舍太简陋，或光线较强，产蛋后鹅不能很好地休息，再加上其他鹅的骚扰等原因，造成脱肛，其他鹅见到红色黏膜就会去啄，引起啄肛。②群体饲养密度过大，鹅舍内和运动场都很拥挤，不便休息与活动。③鹅舍内光线过强，或通风不良，潮湿闷热，以至不能舒适地休息。④个别鹅发生外伤时，其他鹅出于好奇去啄，越啄越厉害。⑤育雏器内灯泡太低太亮，光线从某种角度照射到雏鹅的脚蹼上，上面的血管好似一条小虫，引起互啄。另外，当食槽过高时，也有可能引起啄趾。

饲料营养方面的原因：①饲料中缺乏食盐时，鹅往往为了寻求有咸味的食物，而引起啄肛、啄皮肉或吮血。②饲料中缺乏蛋白质或含硫氨基酸（蛋氨酸、胱氨酸），很容易引起啄羽。③饲料中缺乏某些微量元素或维生素时，很容易发生啄食癖。④饲料中糠麸太少，饲料体积较小，往往代谢能得到了满足而本身没有饱感，或因限量饲喂，没有吃饱，这样均可能引起啄食癖。⑤饲料中掺有未被充分粉碎的肉块、鱼块，结果易引起啄肛、啄皮肉。

其他方面原因：①虱、螨等体外寄生虫的刺激。②有些可能是个别鹅偶尔啄一下，啄破流血后，其他禽都跟着去啄。

221. 鹅啄食癖的防治措施有哪些？

防治主要应着眼于预防，消除可能引起啄食癖的各种原因，还可采用以下措施：①产蛋处要比较僻静，光线要暗。②饲养密度要比较宽松，人工照明的亮度不要太强，并注意鹅舍的卫生及通风条件。③饲料的营养成分要全面、充足，不能单一饲喂某种饲料，特别是一些重要的氨基酸、微量元素和维生素更应保证需要。④鹅群患有体表寄生虫时，应立即采取有效措施进行治疗。⑤当发生啄食癖时，应注意隔离或分小群饲养，饲料中可添加一些制止啄食癖的药物或营养元素，如在饲料中加入 2%～3%的生石膏粉，酌喂半个月左右。制止啄肛癖，可将饲料中的含盐量提高到 2%，喂2～4 天，并保证饮水充足，但不可将食盐加在饮水中，否则易因为饮水过多而引起鹅食盐中毒。⑥啄肛癖较严重时，也可将鹅群暂时关在鹅舍内，换上红灯泡，窗上糊上红纸，使舍内一切东西均呈红色，肛门的红色也就不显眼了，过几天啄食癖平息后，再恢复正常饲养。

222. 鹅异物性肺炎的病因是什么？如何诊断和防治？

鹅异物性肺炎的发生往往是由于饲料拌和干湿不均，鹅群饲养密度过大、饲槽不够、饲料加入不定时等原因，结果造成鹅在饥饿时抢食或过食，饲料误入气管及支气管中，导致本病的发生。

本病患鹅主要表现为在采食后突然抬头伸颈，张口摇头，咳嗽，眼发红、流泪，呼吸困难，随着病情的发展，出现精神极度沉郁，食欲废绝，不久会窒息死亡。剖检可见喉头及鼻后孔处有较多的干糠之类饲料及黏液，气管壁充血，支气管的底部也附有饲料，并有浆液性或黏液性的分泌物，肺充血、肿胀。

本病的治疗着重在于预防，其关键是注意加强饲养管理，喂饲必须定时、定量，避免过度饥饿，饲槽要足够，饲料拌和要均匀，适当潮湿一些。

223. 雏鹅软脚病是怎么回事？发病原因是什么？

雏鹅软脚病呈散发性发生。其特点是软脚，胫骨上端增粗，骨质柔软，易弯曲，但食欲、体温和粪便尚属正常。虽然死亡率不高，但发生较为普遍。患病的鹅群生长发育不良，且易并发其他疾病，严重降低养鹅业的经济效益。

本病常发生在每年冬春寒冷季节，10～30 日龄的雏鹅发生较多（大鹅未有发病），多为零星出现，发病率高低不一。本病多发生在室

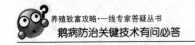

内饲养，栏圈狭小而过分拥挤，或者久雨低温，鹅舍潮湿，缺乏光照，野外活动少，饲料单一，缺乏维生素D或钙的雏鹅群中。

发病原因主要有以下几个方面：①由于饲养管理不善，钙和维生素D缺乏引起骨质钙化不良，实质上也是雏鹅的佝偻病。②饲料含钙、磷不足，导致患鹅血清钙含量（水平）偏低。③诸如球虫病、沙门菌病经治愈后也会出现软脚后遗症。④遗传原因所引起的腿部问题。

224. 雏鹅软脚病的临床症状和剖检病变是什么？

雏鹅发生软脚时，一脚或两脚无力，行走困难，跛行，喜蹲伏，初期食欲正常，后期食欲减退。严重时不能站立而蹲伏于地面上采食，触诊胫骨时见上端比正常粗大，变弯或呈骨珠状，骨质柔软。如不及时治疗，一脚或两脚变形不能站立，成为残鹅。

剖检病变：内脏器官均无明显病变，仅见胫骨增粗、弯曲，骨质柔软，其中有的病鹅一侧或两侧的胫骨部上端充血，有大小不等的伤痕；有的病例在膝关节下端1.5～3厘米处呈骨珠状。

225. 雏鹅软脚病的防治措施是什么？

为预防本病的发生，除加强饲养管理外，饲料的合理调配是主要措施，饲料中要有比例适当的钙磷和多种维生素。垫料要干燥，阳光要充足，运动要适度，这些都是不能缺少的环节。尤其是雏鹅，只要让它充分运动或一定的阳光照射，促进维生素D的合成，基本上可以防止本病的发生。

一旦发病，可每只肌内注射维丁胶性钙0.2～0.5毫升进行治疗，效果良好；也可在每天饲料中每只添加维生素B 10毫克，贝壳粉或碳酸钙0.5克，或每只加喂鱼肝油12～15滴，效果更佳。

226. 什么叫鹅翻翅病？应如何防治？

发生本病的主要原因是由于饲料单一，精料过多，日粮中矿物质不足或过多，钙、磷比例失调，致使骨骼生长异常所造成。

本病常常发生在 50～90 日龄的雏鹅，因此时正值中雏阶段，为鹅翅迅速生长的关键时期，患鹅常表现双翅或单翅外翻，如用手触诊时，发现翅关节移位。

为防止本病的发生，在 30～60 日龄（这是本病的易发阶段）的雏鹅日粮中，应掌握好一定的配比。一般仔鹅日粮中以 0.8%～1.2%的钙和 0.4%的有效磷为佳。如果单纯喂瘪麦（谷）或其他低劣日粮（钙磷比例仅为 1：0.15），可导致鹅群 2/3 左右鹅翻翅；另外，加强放牧，喂给全价饲料，多照日光，有利于预防本病。若发现翻翅者，尽早用绷带按正常位置固定。

227. 为什么公鹅发生生殖器官疾病的比较多？如何防治？

公鹅的生殖器官疾病可由多种原因引起：公鹅生长发育不良，阴茎畸形，寒冷季节配种，阴茎伸出冻伤，或被水中物咬伤、刺伤，公鹅过老。公母鹅比例不当，长期滥配等均可形成。

其症状表现为：阴茎畸形时，只见爬跨母鹅而阴茎不能与母鹅交配上。若阴茎外伤，则患部红肿，并可渗出血液。若感染发炎、肿胀或化脓，则阴茎露出不能内缩。若交配频繁，阴茎垂露，呈苍白色。若生长发育不良，发生阳痿，公鹅性欲减低，爬跨后不见伸出阴茎。

防治措施：应及时淘汰严重病公鹅，而且公母鹅比例一定要适当，在母鹅产蛋前公鹅要提前补料，还应提倡"清水养、流水配"。对一时肿胀的阴茎，用 3%明矾水清洗后涂上四环素眼膏，必要时还可内服有关抗生素杀菌消炎。

228. 鹅脚趾脓肿（趾瘤病）的原因和症状有哪些？

发生本病的原因主要是鹅脚趾底部，由于被粗糙、坚硬、尖锐异物（如乱石场、刚收割过的芦苇滩上放牧）刺伤所致。往往被刺伤后又受化脓菌等感染而导致脚趾脓肿病的发生。

临床症状：由于脚趾脓肿发炎，因而患鹅卧地不起，不愿走动，如人为强行驱赶，则表现明显跛行。有的可发现脚底部有不同硬度的肿胀物，大小似鹅蛋或鸡蛋大不等。有些病例的发炎程度，已波及延伸到脚趾间组织、关节和腱鞘。

剖检病变：剖开其肿胀部时，即有乳白色脓汁流出，有的呈干酪样坏死组织。也有因时间较长引起脓肿溃烂形成的溃疡面。

229. 鹅脚趾脓肿（趾瘤病）如何防治？

防治措施：防治本病，首先应严格禁止鹅群到有尖锐、粗糙异物及刚割完芦苇的滩地放牧。事先选择好平坦柔软的草地或池塘放牧，以避免本病的发生。

治疗：可进行手术切开脓肿部，排除脓液，并用1％雷佛奴耳溶液冲洗，也可先用双氧水洗去内脓污物，再用1％雷佛奴耳溶液冲洗，最后撒入土霉素粉或消炎粉，或者用金霉素眼膏等。并将患鹅专门关养在清洁、干燥的护理鹅舍内，暂停放牧，每天冲洗患部并更换药物1次，待基本痊愈后，方可放归原群。

230. 鹅急性中毒病怎样建立诊断程序？

诊断程序一般是：病史调查、询问中毒经过，了解与检查患病鹅的临床症状，病理变化与某些临床生化变化，对可疑样品进行毒物分析，动物试验等。许多环节与诊断营养代谢病差不多。

231. 什么是鹅肉毒梭菌毒素中毒症（软颈病）？

肉毒中毒是由于摄食了肉毒梭菌的毒素而引起的一种食物中毒性疾病，人、畜、禽都能发生。

肉毒梭菌广泛分布于自然界，在健康动物的肠内容物和粪便中也有存在，但细菌本身并不引起任何疾病。细菌在腐败的有机物（如腐败的肉类、蔬菜及水生动物、昆虫、野鸟或鼠类的尸体）里面，在厌氧的条件下就能产生强烈的毒素，鹅吃到这种含有毒素的腐败物就会引起中毒。一些死水、浅塘和泥沼，如果被这种腐烂蔬菜或畜禽尸体沾污，水中就含有毒素，当鹅下水吃到后就可能发生中毒。

肉毒梭菌产生的毒素，依照中和试验中血清学类型的不同，可以分成 A、B、C、D、E 五型，引起家禽发生肉毒中毒的主要是 A 型和 C 型毒素，特别是 C 型毒素的毒力最强和分布最广。

本病是由肉毒梭菌产生的一种外毒素所引起的。肉毒梭菌是一种大杆菌，两端钝圆，常单个或成对地存在，有时形成短链，革兰氏染色阳性。能产生芽孢，位于菌体的一端。芽孢对热的抵抗力极强，需要煮沸 5 小时或 120℃高压消毒 10 分钟，才能把它杀死。

232. 鹅肉毒梭菌毒素中毒症（软颈病）的发病特点和症状是什么？

发病特点：本病在温暖季节最容易发生，因为气温较高，适宜于细菌的生长繁殖和产生毒素，肉类、蔬菜和动物尸体也容易腐败分解。肉毒梭菌毒素中毒症潜伏期的长短决定于摄食的毒素量。通常在取食了腐败食物之后，在几个小时以至 1 或 2 天内出现中毒症状。

症状：鹅往往都是突然发病，早期症状为精神委顿，不愿活动，打瞌睡，食欲废绝。头颈、翅膀和两腿发生麻痹。严重的中毒病例，颈部肌肉麻痹，头颈常伸直，软弱无力，所以本病又叫做"软颈病"。患鹅的翅膀和两腿肌肉无力，或是完全发生瘫痪，因而不能行走。患鹅的眼睑紧闭，翅膀拖在地上，有时发生腹泻，排出绿色稀粪。最后昏迷死亡。严重的患鹅羽毛松乱，羽毛容易拔落，这也是肉毒梭菌毒素中毒的特征性症状之一。中毒轻微的患鹅，仅见轻度步态不稳，可以痊愈恢复。

剖检特征：肉毒梭菌毒素中毒的患鹅在剖检上没有肉眼可见的病理变化。中毒的发生机制是由于毒素阻碍了副交感神经纤维在神经与肌肉接触处释放乙酰胆碱，而使肌肉发生麻痹所致。

233. 鹅肉毒梭菌毒素中毒症（软颈病）诊断要点及防治措施有哪些？

实验室诊断：由于剖检缺乏明显的肉眼病理变化，因此通常可以根据患鹅表现的特征性麻痹症状（步态不稳、翅膀拖地、两腿瘫痪、颈肌麻痹和头垂下无力等），以及取食过腐烂食物等病史作出确诊。

采取患鹅肠内容物，用灭菌生理盐水作 1：5～1：3 稀释，8 000 转/分，离心 30 分钟，取上清液（或用稀释后经滤器过滤的滤液）作为接种动物材料。选用 4 只 18～20 克小鼠，每鼠腹腔、皮下注射或尾静脉注射上述接种材料 0.5 毫升。如小鼠在注射后 1～2 天内发生麻痹症状，说明浸出物中含有毒素。必须注意的是在患鹅的肠道内分离出肉毒梭菌，并不能作为本病的诊断依据，因为肉毒梭菌在健康畜禽的肠道内均可存在。

搞好环境卫生，不使鹅群接触到腐败的动物和野禽尸体。要注意饲料的卫生，避免饲喂腐败的蔬菜、肉类或鱼粉。病死的鹅尸应烧毁，粪便要妥善处理。

本病目前尚无特效的治疗药物，有条件可以注射同型的抗毒素，每只成年鹅腹腔注射 4 毫升，雏鹅为 2 毫升，有一定疗效。对症治疗可以用泻剂，以加速有毒肠内容物的排出，剂量可按每 75～100 只青年鹅、成年鹅喂给 500 克泻盐（硫酸镁），混饲。个别治疗时，每只患鹅可以喂给 25 克蓖麻油。

234. 鹅黄曲霉毒素中毒是怎么回事？

黄曲霉毒素中毒是家禽和家畜的一种极为常见的霉饲料中毒病，即一般所说的"霉玉米中毒"。

黄曲霉菌毒素是黄曲霉菌的一种有毒的代谢产物。黄曲霉菌广泛存在于自然界中，大多数是不产毒的，其中有一部分菌株能够产生毒素。在温暖潮湿的地区，玉米、花生、稻和麦等谷类以及棉籽饼、豆饼、麸皮、米糠等饲料均易被产毒的黄曲霉菌所污染，家禽吃了这种发霉的饲料会发生中毒。

黄曲霉产生的毒素现在已发现 20 余种，其中毒力最强的是 B_1 毒素。这种毒素对人、畜及家禽均有剧烈毒性，主要是损坏肝脏，并且具有致癌作用。

黄曲霉菌是一种真菌，它所产生的黄曲霉毒素是目前发现的各种真菌毒素中最稳定的毒素。高温、强酸、紫外线照射都不能将其破坏，加热至 268～269℃时开始分解。强碱和 5％次氯酸钠可使黄曲霉毒素 B_1 完全破坏。在高压锅中，120℃ 2 小时，毒素仍存在。

235. 鹅黄曲霉毒素中毒的症状如何？

发病特点：鹅对黄曲霉毒素很敏感，很容易发生中毒。不同动物种类的敏感性有较大的差异，家禽中以雏鸭和火鸡最敏感，鹅易感。鹅的中毒症状可参照鸭的症状予以识别。

症状：由于鹅的年龄和毒素剂量的多少不同，黄曲霉菌毒素中毒可分成急性、亚急性和慢性三种病型。

雏鹅一般都为急性中毒。雏鹅的症状为食欲消失，增重抑制，脱毛，常鸣叫，步态不稳，严重跛行，精神委顿，面部、眼睛和喙部苍白，两眼流泪，周围潮湿、脱毛。腿和脚皮肤严重贫血苍白，由于皮下出血而呈紫红色，死亡时头颈呈角弓反张状，死亡率可达 100％。

成鹅的耐受性较雏鹅高，其半数致死剂量为 0.5～0.6 毫克/千克体重。急性中毒的症状和雏鹅相似，常见口渴和泻痢，排出白色或绿色稀粪。

慢性中毒的症状较不明显。主要是食欲减少，消瘦，衰弱，贫血，表现全身恶病质现象，时间长后可以产生肝癌。

236. 鹅黄曲霉毒素中毒的剖检特征是什么？

剖检特征：黄曲霉毒素中毒的特征性病理变化是在肝脏。急性中毒的肝脏常肿大，色泽变淡或呈淡黄色，有出血斑点。在显微镜下，可见肝实质细胞弥漫，发生脂肪变性，成空泡状。肝小叶周围胆管上皮样细胞增生，形成条索状，胆囊扩张。肾脏也苍白和稍肿大。胰腺有出血点。胸部皮下和肌肉常见出血。

在亚急性和慢性中毒时，肝脏由于胆管大量增生而发生硬化，时间越长肝硬化越明显，肝脏中可见有白色小点状或结节状的增生病灶，肝的色泽变黄，质地坚硬。显微镜下，可见肝实质细胞大部分消失，大量纤维组织和胆管增生。中毒时间超过1年时，肝脏中可能出现肝癌结节。心包和腹腔中常有积水。小腿和蹼的皮下可能有出血。

实验室诊断：根据临床症状和病变可获初步诊断。将可疑饲料饲喂几只1日龄雏鹅，如可引起雏鹅数天后中毒死亡，则说明饲料中有黄曲霉毒素。

237. 鹅黄曲霉毒素中毒的防治措施是什么？

预防中毒的根本措施是不喂发霉饲料。平时要加强饲料的保管工作，注意干燥，特别是在温暖多雨季节，更要注意防霉。仓库如已被产毒黄曲霉菌株污染，要用福尔马林熏蒸或过氧乙酸喷雾彻底消毒，消灭霉菌孢子。

黄曲霉毒素不易被破坏，一般加热煮熟不能使毒素分解。病鹅的排泄物中都含有毒素，鹅场上的粪便要彻底清除，集中用漂白粉处理，以免污染水源和地面。被毒素污染的用具可用2%次氯酸钠溶液消毒。

中毒病鹅的器官组织内都含有毒素，不能食用，应该深埋或烧毁，以免影响公共卫生。鹅群如果发生黄曲霉毒素中毒，应该立即更换饲料。

目前，没有治疗黄曲霉毒素中毒的有效药物。

238. 什么是鹅喹乙醇中毒？

喹乙醇属喹噁啉类药物，是一种合成抗菌药和促生长剂，它对革兰氏阴性菌、沙门菌、大肠杆菌、副嗜血杆菌等都有抑制作用；同时又能促进蛋白质同化，提高饲料利用率，促使畜禽生长和增重加快，所以被作为一种饲料添加剂而广泛应用。但由于鸡、鸭、鹅等对喹乙醇较敏感，如使用不当，很容易引起家禽中毒。

在喹乙醇的使用过程中，由于发生了诸如添加剂量过大、连续使用时间过长或拌料不均匀等操作不当等原因，可引起鹅中毒。

239. 鹅喹乙醇中毒的诊断要点是什么？如何防治？

发病特点：中毒发病的快慢取决于饲喂的剂量。急性中毒的病鹅有时在喂药后数小时即发病死亡。一般是在喂药后 7～10 天开始发病和死亡，死亡率可高达 60% 左右。

症状：病鹅呈现精神沉郁，呆立或蹲伏不动，有的倒卧地上，怕冷，有时堆挤在一起，有的呈昏睡状态。食欲减少或完全不吃，腹泻，口流黏液。

剖检特征：死后血液不凝固，呈暗红色，质地脆弱易碎。多数鹅腺胃黏膜和乳头状突有点状出血和出血斑，整个消化道的黏膜表层均有出血，小肠前段常见大面积出血，盲肠扁桃体肿大、出血。胆囊扩张，胆汁浓稠。脾充血，出血。肾肿胀出血。肺淤血，水肿。心脏扩张，心包液增多，心肌出血。肌肉出血。卵泡出血，呈紫葡萄状。

实验室诊断：可依据症状、剖检特征及日常饲养管理等作出判断。

饲料中喹乙醇必须严格按规定的剂量添加，每千克饲料的添加剂量为 0.025～0.035 克，搅拌要充分混匀。

鹅群一旦发生喹乙醇中毒，应立即停喂，更换饲料，添加葡萄糖饮水及多种维生素作为辅助治疗。

240. 雏鹅水中毒的病因是什么？诊断要点有哪些？如何防治？

雏鹅起初由于饮水不足，引起脱水，后来一旦有饮水即暴饮，使体内水分突然增加，失去平衡，导致组织内大量蓄水，血浆内钠、氯等离子浓度降低，水进入细胞内，引起细胞水肿，特别是脑细胞水肿所致。

雏鹅水中毒一般发生在暴饮后半小时左右，表现为精神沉郁，四肢无力，步态不稳，共济失调，或张口摇头，口流黏液，两脚急步呈直线后退，或转圈，并排出水样粪便，数分钟后倒地死亡。部分鹅经一段时间后可康复。

关键是雏鹅出壳后应尽早饮水，随后仍要供给充足的饮水。如已发生脱水，可在饮水中添加少量食盐，控制浓度在0.9%左右，并控制饮水量，防止其暴饮。

241. 鹅食盐中毒的原因及诊断要点有哪些？

食盐是家禽日常饲料中必需的营养物质。喂给适量的食盐可增进食欲，帮助消化，增强体质。但摄入量过多时，又可引起中毒，幼鹅比成鹅更易中毒。

鹅食盐中毒主要是饲养管理不当造成的，配合饲料中咸鱼粉、鱼干或其他一些含盐多的副产品比例过高；配合饲料中食盐添加量过大；饲料中某些营养物质如维生素E、含硫氨基酸、钙、镁缺乏等原因均可造成食盐中毒。

鹅食盐中毒的症状轻重程度差别很大，这取决于摄入食盐量的多少和持续的时间。轻度中毒表现为饮水增多，粪便稀薄或混有稀水；严重中毒时，表现为精神委顿，食欲废绝，饮欲强烈，无休止地饮水，食道膨大部扩张膨大，口鼻中流出黏性分泌物，腹泻，拉出稀水。运动失调、两脚无力，行走困难，甚至完全瘫痪。后期呼吸困难，嘴不断张合，有时肌肉抽搐，头颈弯曲，胸腹朝天，仰卧挣扎，最后呈昏迷状态，虚脱死亡。

雏鹅发生中毒后，不断地鸣叫，无目的地冲撞，站立不稳，头向后仰，以脚蹬地，突然身体向后翻转，胸腹朝天，两脚前后摆动，头颈不断旋转，很快死亡。

病鹅剖检：可见食道膨大部充满黏液，黏膜脱落，腺胃黏膜充血，有时形成假膜，小肠黏膜充血、出血，腹腔和心包积水，心肌、心冠脂肪有小出血点，肺水肿，皮下水肿，血液浓缩，脑膜血管充血扩张，肾脏和输尿管有尿酸盐沉积。

242. 鹅食盐中毒的防治措施是什么？

预防食盐中毒，主要应注意合理利用含盐的副产品或配料成分，严格控制饲料的含盐量，食盐和饲料要充分拌匀。平时应经常供给新鲜、清洁而充足的饮水。

发现中毒的病鹅，应立即更换含盐量过高的饲料。轻度与中度中毒时，供给充足的新鲜饮水、红糖水或温水，给予易消化的饲料，症状可逐渐好转；严重中毒的要适当控制饮水，可每间隔 1 小时让其饮水十几到二十几分钟。中毒早期可灌服一些植物油；也可肌内注射葡萄糖酸钙，雏鹅 0.2 毫升，青年鹅、成年鹅 1 毫升；还可肌内注射 20% 的安钠咖，雏鹅 0.1 毫升，青年鹅和成年鹅 0.5 毫升。

243. 鹅亚硝酸钠盐中毒的病因是什么？其诊断要点是什么？

许多绿色植物里都含有较多的硝酸盐，特别是施用过硝酸盐化肥的植物，其含量更高。这些植物在堆积发酵、腐败变质或蒸煮不透的情况下，硝酸盐可转变为亚硝酸盐。如将这些植物作为饲料，即可引起中毒的发生。另外，硝酸盐在鹅的食道膨大部中经微生物作用，也可转变为亚硝酸盐而引起中毒。

中毒病鹅主要表现为缺氧，呼吸困难，张口呼吸，眼、口黏膜发紫，全身抽搐，不久即卧地不起，很快窒息而死。剖检主要可见血液呈酱油色，凝固不良，肝、脾、肾淤血。

244. 鹅亚硝酸钠盐中毒的防治措施是什么？

预防中毒的关键是用新鲜蔬菜饲喂，不喂腐败变质的、水浸而且加热不彻底的绿色植物。堆放青绿饲料时，要选择在阴凉通风的地

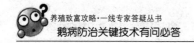
方，并经常翻动。发现中毒时，应立即静脉注射1‰美蓝溶液，剂量为每千克体重0.1毫升，并配合注射高渗葡萄糖及维生素C溶液，注意更换饲料，改善饲养管理。

245. 鹅磺胺类药物中毒是什么原因引起的？

磺胺类药物是防治家禽细菌性疾病和球虫病的常用药物，但应用不当时，也会引起中毒的发生。

病因主要与药物的剂量、使用时间及鹅的年龄有关。一次误服大剂量的药物，或连续用药时间在7天以上，都能引起严重中毒。此外，幼龄、体质瘦弱的鹅或饲料中缺乏维生素K时，更易中毒。

246. 鹅磺胺类药物中毒的诊断要点是什么？

磺胺类药物有时会引起机体轻度的不良反应，少数雏鹅有时表现为不活跃，采食减少，生长变慢。少数蛋鹅出现食欲减退，产蛋减少。发生中毒时，病鹅表现为精神委顿，羽毛松乱，食欲减退或废绝，烦渴，全身虚弱，生长停滞，贫血，黄疸，下痢，粪便呈酱油色，有时也呈灰白色，呼吸困难。产蛋鹅产蛋量急剧减少，出现软壳蛋或薄壳蛋，蛋壳粗糙，部分鹅会死亡。急性病例有时还表现有兴奋、摇头、惊厥、麻痹等神经症状。

剖检可见皮下、胸肌及腿内侧肌肉有点状或斑状出血，腺胃、肌胃角质膜下及肠管黏膜有出血。肝脏肿大，呈紫红或黄褐色，有出血斑点，胆囊扩张。脾肿大。肾脏肿大，呈土黄色，有出血斑。输卵管变粗，充满了白色尿酸盐。心包积液，心外膜出血，血液稀薄，凝血时间延长。

247. 鹅磺胺类药物中毒的防治措施是什么？

使用磺胺类药物时，用量要准确，搅拌应均匀，连续用药时间一般不超过5天。尽量选用含抗菌增效剂的磺胺类药物，治疗肠道疾病时，应尽量选用在肠道内吸收率低的磺胺类药物。同时，应注意提高饲料中维生素 B 和维生素 K 的含量，供给充足的饮水，1 月龄以下的雏鹅和产蛋鹅应尽量避免使用磺胺类药物。

一旦发现中毒，应立即停止用药，供给充足的饮水，也可饮用 1%～2% 的小苏打溶液或 5% 的葡萄糖水，每千克饲料中可添加 0.2 克维生素 C，5 毫克维生素 K，同时注意添加多维素或复合维生素 B，症状严重的病例还可口服 25～50 毫克维生素 C，或肌内注射 50 毫克维生素 C。

248. 鹅有机磷农药中毒是什么原因引起的？诊断要点有哪些？

病因主要是误食了喷洒有有机磷农药的青菜、植物等而引起中毒。有机磷农药中毒发生后往往来不及治疗，就发生大量死亡，因此应加强日常的饲养管理。

鹅群突然大批死亡，病鹅表现突然停食，精神不安，运动失调，呼吸困难，两腿发软，频频摇头，全身发抖，频拉稀便，最后倒地死亡。

剖检上呼吸道内容物可嗅到大蒜气味，血液呈暗黑色，肌胃黏膜充血或出血。

249. 鹅有机磷农药中毒的防治措施是什么？

不要在洒有农药的地方放牧，可试用阿托品制剂，每半小时注射一次，连用 2～3 次，并给予大量的清洁饮水。

若早期发现，治疗可用：

①解磷定注射液，成年鹅（2.5～5 千克）每只肌内注射 1 毫升（每毫升含 40 毫克）。首次注射过后 15 分钟再注射 1 毫升，以后每隔 30 分钟服阿托品 1 片（每片 1 毫克），连服 2～3 次，并给予充分饮水。②雏鹅（2～20 日龄）内服阿托品片 1/3～1/2 片（每片 1 毫克）以后，按每只雏鹅 1/10 片剂量溶于水后灌服，每隔 30 分钟 1 次。不

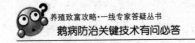
论成鹅或雏鹅，在注射药物前先用手按在食道及食道膨大部，有助于药物的进入。

250. 鹅痢特灵中毒的原因是什么？中毒的临床症状和剖检病变是什么？

痢特灵也叫呋喃唑酮，过去由于杀菌力强，价格低廉，使用方便，货源充足，为防治家禽疾病之常备药品，但如用药量过大，或药料搅拌不匀，加上雏鹅吃的多少不一，常易引起鹅中毒。因为它对家禽具有一定的毒性，尤其对幼鹅的毒性更大（成年鹅的中毒量为100毫克，致死量为200毫克；雏鹅只需口服25毫克即可中毒死亡）。现在已禁止使用。

病鹅表现精神委顿，颈强直，食欲下降或停食，口渴，喜饮水，站立不稳，步态蹒跚，走路摇晃，全身震颤，惊厥鸣叫，到处乱走；有的两腿蹲伏，不断甩头，排出稀粪，呈淡黄色。个别病鹅转圈，最后痉挛衰竭倒地死亡。

病死鹅尸僵不全，嗉囊、腺胃和肌胃内有黄色黏液；肠道黄染并有出血性炎症，肠浆膜面呈黄褐色；肝肿胀淤血，呈橘黄色，有轻微出血点；严重病例颈部皮下、腿肌有出血点和出血斑；胸、腹腔有黄色液体；心包积有棕红色液体，心冠状沟有出血点，左右心房也有出血点；肺有坏死点，脑膜出血，肾脏呈橘黄色。慢性中毒病例，病鹅生长发育严重受阻。

251. 鹅痢特灵中毒的防治措施是什么？

为防止鹅痢特灵中毒的发生，首先是禁止使用痢特灵。

误用后若有中毒症状，应立即停药（引起中毒的饲料也要停喂）。并对已有中毒症状的鹅群选用如下药物：①可用0.5%～1%的百毒解饮水，连用3～5天，直到康复。②必要时可注射维生素C和维生素B注射液（每毫升含维生素C 70毫克、维生素B 1.5毫克），6周龄的每只肌内注射0.2毫升，每日2次。

252. 鹅霉烂包菜叶中毒的原因是什么？有什么主要临床症状？

霉烂的包菜叶或其他的菜叶，经堆放发酵产热而变质，菜中的硝酸盐转化成了亚硝酸盐，鹅误食或喂食后就会陆续发生中毒，严重的还会死亡。

临床症状：病死的鹅多是食欲旺盛，体型较大的，病鹅表现精神不安，食欲明显下降或废绝，有的来回跑动，部分鹅走路时步态不稳，驱赶跛行，落在群鹅后面勉强跟跑，腹部膨胀，两翅下垂，喜卧，口中流出淡黄色涎水；粪便淡绿色，稀薄恶臭，口腔黏膜、眼结膜、嘴角的上部皮肤和胸、腹部皮肤发绀，程度不一。嘴与脚厥冷。临死前伸颈张口，呼吸急促，心跳加快，不断抽搐痉挛，一直挣扎到体力衰竭而死。

253. 鹅霉烂包菜叶中毒的病理变化有哪些？如何防治？

剖检病变：剖检可见其血液凝固不良，呈酱油色，食道腺胃内尚有残留霉烂菜叶，胃肠道黏膜充血，黏膜易脱落，表面有较多的黏液，肝、脾淤血，轻度肿胀，暗红色。心脏、肾脏、肺等器官组织均呈不同程度的充血或淤血。

病鹅可采取以下措施：可用美蓝溶液，剂量按每千克体重0.4毫克，肌内注射；同时每只鹅口服维生素C1片，每天1次，连服2天。

为防止本病发生，严禁鹅采食或喂给经堆放发热而变质或经加工不当的包菜（有的叫球菜）或白菜。

254. 鹅马杜拉霉素中毒是怎样的？有何临床症状和病理变化？

美国产的加福和我国产的杜球的主要成分是马杜拉霉素，含量为

1%的预混剂。马杜拉霉素的推荐剂量为每千克饲料混入 5 毫克，即加福或杜球等预混剂的混饲浓度为 0.05%。马杜拉霉素的毒性较大，每千克饲料中超过 6 毫克就有中毒的危险。因此，使用加福、杜球或其他含马杜拉霉素的预混剂，一定要按照马杜拉霉素含量每千克不超过 5 毫克为宜，且混料必须均匀。

临床症状：全群鹅皆伏卧于地面，驱赶行走困难，肢爪麻痹，爪痉挛向内收缩，拉稀粪水，口腔内有多量黏液，有的黏液带有血丝，鹅面部发紫，最后挣扎而死。病死鹅泄殖腔周围被粪便污染。

剖检病变：剖检可见皮下肌肉呈暗红色（以胸部尤为严重）；嗉囊及腺胃黏膜脱落，充血或出血；小肠、盲肠及泄殖腔充血或出血；心外膜严重充血、出血；肝脏淤血、质脆。

255. 鹅马杜拉霉素中毒如何防治？

一旦发生中毒立即停喂拌有含马杜拉霉素的饲料。消除槽中余料，清洗料槽；病鹅（含同群）可用口服补液盐，每只灌服 50～100 毫升，每日 3 次。同群鹅可任其自饮；每只病鹅肌内注射维生素 C 50 毫克，每日注射 2 次；症状严重的立即切开嗉囊，排除积料，并用清水反复冲洗数次，然后缝合嗉囊，术部消毒；拌料比例一定要严格控制，而且混料必须逐级扩大，拌料要绝对均匀。

六、常用兽药及生物制品

256. 什么是兽药？兽药包括哪些种类？

按照最新颁布的《兽药管理条例》，兽药是指用于预防、治疗、诊断动物疾病或者有目的地调节动物生理机能的物质（含药物饲料添加剂），主要包括：血清制品、疫苗、诊断制品、微生态制品、中药材、中成药、化学药品、抗生素、生化药品、放射性药品及外用杀虫剂、消毒剂等。

饲料添加剂是指为满足特殊需要而加入动物饲料中的微量营养性或非营养性物质，饲料药物添加剂则指饲料添加剂中的药物成分，亦属于兽药的范畴。

我们一般将兽药分成兽用生物制品和兽用化学药品两大类，也就是将疫苗、诊断液和血清等作为兽用生物制品，其他的兽药都归类为兽用化学药品。

兽用化学药物按照来源可分为化学合成药物、抗生素及其半合成品，按照临床用途可分为抗菌药物、抗病毒药物、抗寄生虫药物、动物生长促进剂以及其他用途药物。兽用化学药物不仅具有预防和治疗动物疾病的作用，而且对动物生产性能的改变、动物产品品质的改善、促进饲料转化利用从而提高饲料的效益、降低生产成本、增加动物生产的经济和社会效益、改善环境、避免污染，保持生态平衡等多方面具有重要功能。

兽药在应用适当时，可达到防病治病、促进生长、提高饲料报酬等目的，但用法不当或用量过大会损害动物机体的健康而成为毒物。

257. 兽药的来源有哪些？

(1) 植物 自植物的药物很多，它占药物的大部分，并且治病的历史很久。我国劳动人民自古就十分重视植物的防病治病作用。据记载，早在公元前234～223年，就有用草药治病的文字记述，如穿心莲、大黄、板蓝根等。植物药的成分复杂，除含有水、无机盐、糖类、脂类和维生素外，通常含有一定生物活性成分，如生物碱、苷、酮、有机酸、氨基酸、挥发油、单宁酸等。在自然界中，药用的植物资源极其丰富。

(2) 动物 不少动物都可以入药，有防治疾病效用。在公元六世纪问世的《本草经集注》，收集的760种药物中，就有"虫兽"一类药物即动物药。人类采用某些动物的器官组织入药如鸡内金、蜈蚣等，或以动物的某些分泌物、排泄物与体液入药，其中不少含有氨基酸、消化酶或激素的成分。

(3) 矿物 一部分药物是来自矿物，古代文献称这类药物的来源是"玉石"。例如已广泛应用的石膏、硫黄、氯化钠、碳酸氢钠（小苏打）、芒硝（硫酸钠）等，种类很多，其效用各异，主要成分为各种矿物元素。

(4) 化学合成药物 随着科学技术的进展，采用人工化学合成的药物愈来愈多。如各种磺胺类药物、恩诺沙星、地克珠利、抗菌增效剂、某些维生素类和激素类药物等。其成分相当复杂，分别用于抗菌、消炎和调节某些生理机能等。

(5) 生物技术药物 采用微生物发酵、生物化学或生物工程方法生产的药物，包括抗生素、激素、酶制剂、生化药品、生物药品等，主要用于防治传染病。

258. 兽药的剂型有哪些？

兽药有多种剂型，剂型通常有四种形态，即：液态、气态、半固体、固体。

剂型是将原料药和辅料经过加工调制，制成便于使用、保存和运输的一种形式。兽药常用的剂型按分散介质的不同，剂型也不同。

　　(1) 液体剂型　是指以液体为分散介质的剂型。它包括以下常用剂型：

　　注射剂：即针剂。是指灌封于特制容器中经灭菌处理的药物溶液、乳状液、混悬液，以及供临用前配成溶液或混悬液的无菌粉末或浓溶液。

　　溶液剂：为非挥发性药物的澄明溶液。其溶媒常为水、醇、油，可内服或外用，如恩诺沙星溶液、氯化胆碱溶液。

　　煎剂及浸剂：为生药（中草药）的水浸出制剂。煎剂需加水煎煮，浸剂则加水浸泡。煎、浸都有一定的时间规定，所用容器以陶瓷、玻璃为最佳，需临用前配制。中药汤剂也属煎剂。

　　酊剂和醑剂：酊剂是指药物用规定浓度的乙醇浸出或溶解而制成的澄清液体制剂。如碘酒。

　　乳剂：是油脂或其他水不溶性物质，加适当乳化剂，与水混合后制成的乳状悬浊液。通常分为水包油乳剂（多供内服）或油包水乳剂（供外用）。

　　(2) 气体剂型　以气体为分散介质。现常用的气雾剂是将药物和抛射剂共同装封于有阀门的耐压容器中，借抛射剂的压力将药物喷出的制剂。供吸入给药（如氟烷）或皮肤黏膜给药，也可用于空间消毒。

　　(3) 半固体剂型　有软膏剂、糊剂、浸膏剂。

　　(4) 固体剂型　以固体为分散介质。

　　散剂：将一种或多种药物粉碎后均匀混合而制成的干燥粉末状剂型。供内服或外用，如健鸡散、平胃散等。

　　可溶性粉剂：也称饮水剂，指将一种或多种可溶性药物与葡萄糖、蔗糖、乳糖等制成的主要以混饮方式给药的剂型，如氟苯尼考可溶性粉等。

　　预混剂：指一种或几种药物与适宜的基质均匀混合制成供添加于饲料用的饲料药物添加剂。

　　片剂：将一种或多种药物与适量的赋形剂均匀混合后，经一定的制药加工过程，用压片机压制成扁平或两面稍凸起的圆形或其他形状的制剂。主要供内服。兽用片剂一般不包糖衣。

丸剂：由药物与赋形药混合制成的圆球状内服剂型。兽用丸剂可制成大丸剂。

胶囊剂：是一种将固体、半固体或液体药物装在以明胶为主要原料制成的圆形、椭圆形或圆筒状胶壳中的内服剂，如鱼肝油胶囊等。

微囊剂：利用天然的或合成的高分子材料（囊材）将固体或液体药物（囊心物）包裹而成的微型胶囊。一般直径仅 5～400 纳米，外形多样。可根据临床需要将微囊剂制成散剂、胶囊剂、片剂、注射剂及软膏剂等。

颗粒剂：指药物与赋形剂混合制成的干燥小颗粒状物，主要用于内服、混饮等。

259. 兽药有哪些特点和不良反应？

（1）兽药的特点

①兽药是专门用于预防、治疗、诊断动物疾病的药品。

②兽药的包装、用药剂量、投药途径与方法，都是根据动物本身的特点制定的。例如：兽药的包装规格比较大，有的兽药剂型可以通过饲料给药。

③兽药的使用对象有严格的界限。比如：反刍动物对某些麻醉药比较敏感，对草食动物使用抗生素易引起消化机能失常，等等。

（2）兽药的不良反应　按照世界卫生组织国际药物监测中心的规定，药物不良反应是指正常剂量的药物用于预防、诊断、治疗或调节生理机能时出现的有害的与用药目的无关的反应，如副作用、毒性作用、过敏反应、继发反应等。

260. 什么叫剂量？常用剂量的概念有哪些？

当给药时，对机体发生一定反应的药量称为剂量。剂量一般是指防治疾病的常用量。

药物要有一定的剂量，在机体吸收后达到一定的药物浓度，才能出现药物的作用。如果剂量太小，在体内不能形成有效浓度，药物就不能发挥其有效作用。但如果剂量太大，超过一定限度，药物的作用又可出现质的变化，对机体产生毒性。因此，要发挥药物的作用而又要避免其不良反应，必须掌握药物的剂量范围。

动物临床常用的剂量有如下几种：

（1）最小有效量 是指药物达到开始出现药效时的剂量。

（2）常用量 又称治疗量、有效量，是指临床上用于预防或治疗、具有一定有效作用范围的剂量。它比最小有效量要高，又比药物的极量要低。

（3）极量 是兽药典中对毒、剧药物所规定的限量，超过极量是不安全的，必须加以注意。

（4）最小中毒量 是指药物已超过极量，使机体开始中毒的剂量。

（5）中毒量及致死量 指随着最小中毒量的增加，使机体中毒甚至引起死亡的剂量，分别称为中毒量及致死量。

261. 何谓假兽药、劣兽药?

假兽药系指以假充真的假药。

国家规定禁止生产、经营假兽药。有下列情形之一的为假兽药：①以非兽药冒充兽药或者以他种兽药冒充此种兽药的；②兽药所含成分的种类、名称与兽药国家标准不符合的。

有下列情形之一的，按照假兽药处理：①国务院兽医行政管理部门规定禁止使用的；②依照本条例规定应当经审查批准而未经审查批准即生产、进口的，或者依照本条例规定应当经抽查检验、审查核对而未经抽查检验、审查核对即销售、进口的；③变质的；④被污染的；⑤所标明的适应证或者功能主治超出规定范围的外，还严禁生产、经营未取得批准文号的兽药、国务院兽医行政管理机关明文规定禁止使用的兽药。

劣兽药系指兽药的质量不符合兽药质量标准，但不属于假兽药，

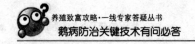

而是以劣充优、质量低劣的兽药。

国家规定禁止生产、经营劣兽药。有下列情形之一的兽药为劣兽药：①成分含量不符合兽药国家标准或者不标明有效成分的；②不标明或者更改有效期或者超过有效期的；③不标明或者更改产品批号的；④其他不符合兽药国家标准，但不属于假兽药的。

262. 兽药为什么不能供人使用？怎样阅读兽药标签？

兽药的配方、生产工艺、质量检验、用法与用量都是根据动物的特点设计的，不适用于人；如果用于人，就会造成不良后果。

国家规定兽药的标签或者说明书，应当以中文注明兽药的通用名称、成分及其含量、规格、生产企业、产品批准文号（进口兽药注册证号）、产品批号、生产日期、有效期、适应证或者功能主治、用法、用量、休药期、禁忌、不良反应、注意事项、运输贮存保管条件及其他应当说明的内容。有商品名称的，还应当注明商品名称。

除前款规定的内容外，兽用处方药的标签或者说明书还应当印有国务院兽医行政管理部门规定的警示内容，其中兽用麻醉药品、精神药品、毒性药品和放射性药品还应当印有国务院兽医行政管理部门规定的特殊标志；兽用非处方药的标签或者说明书还应当印有国务院兽医行政管理部门规定的非处方药标志。

我们购买或使用兽药前应该仔细阅读，合理选用，有疑问可请教当地兽医主管部门。

263. 什么是兽药的有效期、失效期？

（1）兽药的有效期 是指兽药在规定的贮藏条件下能够保持质量的期限。一般稳定性比较好的药品，在贮藏过程中，药效降低较慢，毒性也较低。但有一些稳定性较差的药品，在贮藏过程中，药效可能降低，毒性可能增高，有的甚至不能药用。对这一类药品必须规定有效期，过了有效期必须按照规定处理。

兽药有效期的计算是从兽药生产日期（生产批号）算起，如某批兽药的生产批号是 20140708，有效期 2 年，即该批兽药的有效期到 2016 年 7 月 8 日止。如具体标明有效期到 2016 年 6 月，表示该批兽药在 2016 年 6 月 30 日之前有效。

（2）兽药的失效期 是指兽药超过安全有效范围的日期。如标明失效期为 2016 年 7 月 1 日，表示该批兽药可使用到 2016 年 6 月 30 日，即 7 月 1 日起失效。兽药的有效期和失效期虽然在表示方法上有些不同，计算上有些差别，但任何兽药超过有效期或到达失效期者，均不能再销售和使用。

264. 兽药如何贮存？贮存期间兽药变质的原因是什么？

为了保证兽药质量，在贮存与保管时，必须达到该兽药规定的基本要求。

遮光：系指不透光的容器包装，如用棕色瓶或黑色纸包裹的无色透明、半透明容器；密闭：系指将容器密闭，以防止尘土及异物进入；密封：系指将容器密封，以防止风化、吸潮、挥发或异物进入；熔封或严封：系指将容器熔封或用适宜的材料严封，以防止空气或水分的侵入并防止污染；阴凉处：系指不超过 20℃；凉暗处：系指避光并不超过 20℃；冷藏处：系指 2～8℃；冷冻处：系指 −15～−5℃。

贮存期间兽药变质主要有以下一些原因：

（1）空气 空气中的氧，可以使许多具有还原性的物质氧化变质，甚至产生毒性。

（2）光线 日光中的紫外线可使许多药品直接发生或间接发生化学变化，如氧化、还原、分解、聚合等而变质。

（3）温度 温度增高不仅可使药品挥发速度加快，更主要的是可促进氧化、分解等化学反应而加速药品变质。温度过低，会使某些药品冻结、分层、析出结晶等。

（4）湿度 湿度过大，能使药品吸湿潮解、稀释、变形、发霉；湿度过小，易使含结晶水的药品风化失去结晶水。

（5）微生物与昆虫 由于微生物和昆虫的侵入使药品发生腐败、

发酵、霉变与虫蛀。

(6) 时间 任何药品贮藏时间过久，均会变质。

265. 什么是消毒、防腐药？消毒与防腐有什么区别？

消毒是杀灭病原微生物。消毒药是指能迅速杀灭病原微生物的药物。

防腐是抑制病原微生物的生长与繁殖。防腐药是抑制病原微生物生长和繁殖的药物。

消毒与防腐之间较难明确区别，随着药物的用量不同，杀菌与抑菌可以相互转化，高浓度的防腐药也能起到杀菌作用。同样道理，杀菌药由于浓度不够起不到杀菌作用，但能抑制微生物的生长与繁殖，杀菌药起了防腐的作用。由于这些原因常常统称"消毒防腐药"。

消毒药，分为环境消毒、皮肤与黏膜消毒及创伤性消毒防腐三种方式。

环境消毒：有酚类、醛类、碱类、酸类、卤素类、过氧化物类六类。

皮肤与黏膜消毒：分醇类、表面活性剂、碘化物、有机酸、过氧化物和染料六类。

创伤性消毒防腐药：有酸类（硼酸）、氧化物类（高锰酸钾、过氧化氢流液）两类。

消毒的方法有喷雾、浸泡、擦洗、熏蒸等多种方式。以熏蒸为例，有甲醛加热熏蒸法、甲醛与高锰酸钾熏蒸法、过氧乙酸加热熏蒸法等。甲醛消毒剂主要用于厩舍、仓库、孵化室、皮毛、衣物、器具等的熏蒸消毒，标本、尸体防腐；亦用于肠道制醇。甲醛对皮肤和黏膜的刺激性很强，但不损坏金属、皮毛、纺织物和橡胶等。甲醛的穿透力差，不易透入物品深部发挥作用，具滞留性，消毒结束后即应通风或用水冲洗，甲醛刺激性气味不易散失，故消毒空间仅需相对密闭。

甲醛消毒剂不仅能杀死繁殖型的细菌，也可杀死芽孢以及抵抗力强的结核杆菌、病毒及真菌等。甲醛气体有强致癌作用，药液污染皮肤，应立即用肥皂和水清洗。动物误服了甲醛溶液，应迅速灌服稀氨水解毒。甲醛消毒后能在物体表面形成一层具腐蚀作用的薄膜。

266. 兽用消毒防腐药有哪些？

兽用的消毒防腐药的种类很多，它们的作用和临床上的应用也各不相同，根据化学分类，主要的有以下几类：

酸类：盐酸、硼酸、乳酸等。

碱类：氢氧化钠（苛性钠）、石灰（生石灰）。

酚类：苯酚（石炭酸）、煤酚（甲酚）。

醇类：乙醇（酒精）。

氧化剂：过氧化氢、高锰酸钾、过氧乙酸。

卤素类：漂白粉、次氯酸钠溶液、碘。

重金属类：升汞、红汞、硫柳汞、硝酸银。

表面活性剂：新洁尔灭、洗必泰。

染料类：利凡诺（雷佛奴耳）、甲紫（龙胆紫）。

挥发性烷化剂：甲醛、乌洛托品、戊二醛等。

267. 如何合理使用消毒药？

在防治畜禽传染病中，合理使用消毒药是很重要的，针对不同的消毒物体，应选择理想的消毒药物。理想的消毒药应是：杀菌性能好，作用迅速；对人畜和物品无损害；性质稳定，可溶于水，无易燃性和爆炸性；价格低廉，容易得到。但是，现有的消毒药都存在一定的缺点，还没有一种消毒药是完全理想的，也就是说，还没有一个消毒药在任何条件下能够杀死所有的病原微生物。消毒药的作用受许多因素的影响而增强或减弱，在实际工作中，为了充分发挥消毒药的效力，对这些因素应该很好地了解和应用。

(1) 微生物的敏感性 不同的病原微生物，对消毒药的敏感性有很明显的不同，如病毒对碱和甲醛很敏感，而对酚类的抵抗力却很大。大多数的消毒药对细菌有作用，但对细菌的芽孢和病毒作用很小，因此，在消灭传染病时应考虑病原的特点，选用消毒药。

（2）环境中有机物质的影响　环境中存在的大量有机物，如畜禽的粪、尿、血、炎性渗出物等，能阻碍消毒药直接与病原微生物接触，从而影响消毒药效力的发挥。另一方面，由于这些有机物，往往能中和和吸附部分药物，也使消毒作用减弱。因此，在消毒药物使用前，应进行充分的机械性清扫，清除消毒物品表面的有机物，使消毒药能够充分发挥作用。

（3）消毒药的浓度　一般说来，消毒药的浓度愈高，杀菌力也就越强，但随着药物浓度的增高，对活组织的毒性也就相应地增大了。另一方面，当浓度达到一定程度后，消毒药的效力就不再增高。因此，在使用中应选择有效和安全的杀菌浓度，例如70％的酒精杀菌效果要比95％的酒精好。

（4）消毒药的温度　消毒药的杀菌力与温度成正比，温度增高，杀菌力增强，因而夏季消毒作用比冬季要强。

（5）药物作用的时间　一般情况下，消毒药的效力与作用时间成正比，与病原微生物接触并作用的时间越长，其消毒效果就越好。作用时间若太短，往往会达不到消毒的目的。

268. 消毒在养殖业中有哪些重要意义？

在畜禽养殖业日益向集约化和规范化发展的今天，各种传染性疾病防治显得更为突出。由于密集饲养，动物相互接触的机会越多，病原微生物传播的速度也就越快，传染病一旦暴发后，再采取措施，也就来不及了。而在鹅生产现场实行定期环境消毒，使鹅生存的周围环境中的病原微生物减少到最低程度，以预防病原微生物侵入鹅体，可有效地控制各种传染病的发生与扩散。

消毒已从过去单一的环境消毒，发展到今天对鹅体表、空气、饮水和饲料等的多种途径进行消毒。所用的消毒剂种类也非常多。

269. 怎样使用煤酚皂溶液消毒？

煤酚皂溶液也称为来苏儿，是常用的消毒药。煤酚皂溶液由煤酚（甲酚）500 毫升、植物油 173 克、氢氧化钠 27 克，加水至 1 000 毫升配成，为黏稠的棕色液体。它的价格非常便宜，但消毒效果相对较好，因而兽医上较常使用。用时加水稀释成乳白色液体，用 1％～2％的溶液可作手和皮肤消毒，用 3％～5％的溶液可作家畜家禽厩舍地面、墙壁或用具的消毒，5％～10％的溶液可作畜禽排泄物的消毒及病死废弃物的消毒。

270. 如何使用烧碱消毒？

烧碱是含有 94％的氢氧化钠（苛性钠）的粗制品，也叫火碱。氢氧化钠的纯品是无色透明的晶体，易溶于水，在溶解时会强烈放热，氢氧化钠的工业品是白色不透明的固体。烧碱是一种强碱，能水解病原菌的蛋白质和核酸，破坏细菌的正常代谢机能，使细菌死亡，其杀菌作用强大，并能杀灭病毒。

在实际应用中，加水稀释或溶解烧碱，配成 2％的烧碱溶液，可对新城疫、小鹅瘟等病毒性传染病及禽沙门菌病、禽大肠杆菌病等细菌性疾病暴发的鹅场进行环境和用具消毒。

在使用烧碱溶液消毒时，应注意以下几点：

（1）烧碱溶液的杀菌力常随浓度和温度的增加而加强，所以用热溶液消毒效果好。

（2）在烧碱溶液中加入少量的氯化钠（食盐），能提高杀菌效果。

（3）由于烧碱溶液是强碱，消毒时应注意消毒人员的防护，以免灼烧人、畜，对纺织品和金属器械有腐蚀性，因而不适宜对这些物品消毒。在用烧碱溶液对畜禽舍和用具消毒半天后，需用清水冲洗，以免烧伤畜禽蹄部或皮肤。

新鲜的草木灰内含有氢氧化钾（苛性钾），其作用与苛性钠相同，因而在日常应用中常以草木灰水消毒。通常以新鲜草木灰 15 千克加

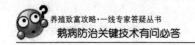

水 50 千克煮沸 1 小时，去灰渣后，加水补足到原来量，即可用作消毒畜禽圈舍和用具，但对芽孢菌无消毒作用，应予注意。

271. 如何使用过氧乙酸消毒？

过氧乙酸（过醋酸）是一种强氧化剂，性质不稳定，高浓度溶液遇热易爆炸，20%以下的低浓度溶液无此危险，因而市售的制品为20%溶液，有效期半年，消毒时其稀释液要现用现配。

过氧乙酸杀菌作用强而快，对细菌、病毒、霉菌和芽孢均有效，且在低温时也有作用，可选用以下方法消毒：

（1）浸泡消毒　通常使用 0.04%～0.2%的水溶液用于耐酸的塑料等用具的浸泡消毒。

（2）喷雾消毒　使用 0.05%～0.5%的水溶液用于喷雾消毒畜禽厩舍、饲槽、用具和食品厂车间的地面、墙壁等，在鹅舍可带鹅消毒，但消毒人员应戴防护眼镜、手套、口罩，喷后应密闭门窗 1～2 小时。

（3）熏蒸消毒　使用 3%～5%的水溶液，加热熏蒸，用量按每 1 立方米 1～3 克过氧乙酸，并密闭门窗 1～2 小时，熏蒸时要保持室内60%～80%的相对湿度。

过氧乙酸水溶液的配制以实际含量来计算，使用 0.1%的水溶液时（即 1 000 毫升水中应含 1 克过氧乙酸），配法为在 995 毫升水中加 20%的过氧乙酸 5 毫升（5 毫升中含 20%过氧乙酸为 1 克）。

272. 如何使用消毒药对鹅舍和地面消毒？

对鹅舍和地面消毒，首先应进行清扫，清扫的垃圾应堆肥发酵或集中焚烧。对地面、墙壁、门窗、食槽、用具等，可用消毒药喷洒或洗刷，常用的消毒药液有 3%～5%的煤酚皂液、10%～20%的漂白粉乳、2%～5%的烧碱溶液、10%草木灰水、0.05%～0.5%的过氧乙酸等，可根据实际情况选用。为了杀灭细菌芽孢，可考虑用过氧乙酸、烧碱或漂白粉。消毒一定时间后，应打开门窗通风，对用具应用清水冲洗，除去消毒药的气味。

273. 如何使用甲醛和高锰酸钾消毒？

高锰酸钾是一种强氧化剂，遇有机物即起氧化作用，因而不仅可以消毒，还可以除臭，低浓度时还有收敛作用。鹅饮用常配成0.1%的水溶液，用于洗胃和使毒物氧化而解毒。高浓度溶液对组织有刺激性和腐蚀性，4%的溶液可消毒饲槽等用具。利用其氧化性能加速福尔马林蒸发，可作空气消毒。

甲醛为无色气体，易溶于水，36%的甲醛溶液称为福尔马林，有很强的还原作用，甲醛能与细菌蛋白质结合，使蛋白质变性，而具有强大的广谱杀菌作用，对细菌、芽孢、霉菌及病毒均有效。常用福尔马林来配制消毒液。

(1) 用2%的福尔马林溶液可用于器械消毒。

(2) 10%的福尔马林溶液可用于固定和保存畜禽的解剖标本，即在90毫升水中加10毫升福尔马林配成。

(3) 熏蒸消毒 对房屋和仓库、厩舍的熏蒸消毒，每1立方米空间需用15～30毫升福尔马林，加等量的水加热蒸发；或加高锰酸钾氧化蒸发，高锰酸钾与福尔马林的用量比例是1∶2，如每1立方米空间用高锰酸钾16克、福尔马林32毫升、水16毫升，放在瓷质器皿中混合即会产生蒸汽进行消毒。消毒时间为10～12小时，消毒结束后打开门窗通风。

对孵化器和种蛋的熏蒸消毒，可每1立方米空间用福尔马林14毫升，加高锰酸钾7克、水7毫升，放在器皿中混合。

274. 什么是抗生素？分为哪几类？

抗生素是某些微生物如某些细菌、链霉菌、真菌、小单孢菌等在其生命活动过程中产生的，能在低微浓度下选择性地杀灭他种生物或抑制其机能的化学物质。最早从微生物的培养液中提取而得，现除此方法外，还可用人工合成或半合成的方法大量生产。

抗生素是一类能抑制或杀灭病原菌的药物，广泛地应用于治疗或预防畜禽等动物的由细菌、支原体、立克次氏体、原虫、真菌、霉菌等微生物引起的感染性疾病。在畜牧生产中，有些抗生素还具有刺激动物生长，提高饲料报酬，降低死亡率的作用，被用作饲料添加剂。

抗生素按其来源、性质及应用的不同，可分为四大类：

(1) 抗生素类兽药（青霉素类、头孢菌素类、大环内酯类、氨基糖苷类、四环素类、多肽类及其他抗生素）。

(2) 合成抗菌兽药（磺胺类、喹诺酮类）。

(3) 抗真菌兽药。

(4) 其他抗菌药。

275. 抗生素的作用机理是什么？

抗生素能选择性地抑制病原体的生命机能，而不影响畜禽等动物体的生理生化机能，因此在应用抗生素防治病原体感染的过程中，要考虑抗生素、病原菌和动物三者之间的相互关系。抗生素主要作用机理可概括为五种：

(1) 抑制、干扰细菌细胞壁的合成　细菌细胞膜外有一层坚韧的胞壁，可维持细菌的外形和渗透压，而动物细胞则无细胞壁。使用青霉素等抗生素可使细菌细胞壁受到损伤和破坏，而不影响动物细胞。

(2) 损害细菌的细胞膜　有些细菌和霉菌的细胞膜比动物细胞膜易受药物损害，多黏菌素、制霉菌素等药物可使细菌细胞膜破损，导致细胞内物质外漏而引起死亡。

(3) 影响细菌细胞内蛋白质的合成　不同的抗生素可引起不同的结果，红霉素、四环素等抗生素能分别作用于蛋白质合成的不同阶段，使细菌蛋白质的合成受到抑制，停止繁殖但不死亡，是抑菌性抗生素；在停止使用这类抗生素后，又可恢复蛋白质的合成，重新生长和繁殖。而链霉素、卡那霉素等能迅速杀死病原菌，是杀菌性抗生素。

(4) 抑制细菌核酸的合成，阻碍遗传信息的复制

(5) 竞争性抑制、干扰细菌的中间代谢　抗生素中有一些化学物质的结构同细菌生长所必需的物质结构很相似，细菌在生长过程中，会错误地把抗生素中的某些成分当做自己的生长所必需的物质而利用，从而阻碍了细菌的代谢。磺胺类药物是通过阻止细菌的叶酸代谢而抑制其生长繁殖的。

276. 抗生素合理应用的基本原则是什么？

（1）有严格的适应证　不同的抗生素各有其不同的适应证。青霉素类、四环素类、红霉素等主要对革兰氏阳性菌引起的疾病，如葡萄球菌、败血症等有效；氨基糖苷类等对革兰氏阴性菌引起的疾病，如巴氏杆菌病、肠炎等的效果不错；庆大霉素、多黏菌素类等对大肠杆菌引起的败血症等有效；磺胺类主要对大多数革兰氏阴、阳性细菌如沙门菌、巴氏杆菌等均有较高的抑制作用。

（2）选择合适的剂量和疗程　抗生素在使用时，一定要选择好所用的剂量和适宜的疗程。一般开始治疗时可选用较大剂量，使血药浓度达到较高浓度后，再根据病情酌减剂量。药物的疗程可视疾病类型和患禽病况而定。急性感染的病例其疗程不宜过长，可在感染控制后3天左右停药。对于一些慢性感染的则应适当延长疗程，以巩固疗效。否则盲目加大使用剂量会造成药物和经济上的损失，还可使患禽产生不良反应。若用量不足或疗程过短，则起不到治疗作用而使细菌产生耐药性。

（3）联合应用抗生素可发生协同、累加或颉颃作用　联合用药如果选择得好即可获得协同和累加作用，以提高疗效，减少抗菌药物用量，减小毒性反应；如果选择得不好则可能出现颉颃作用。所以联合应用应选择最佳的药物联合。一般情况下应用两种抗生素联合应用，特殊情况下选三种或三种以上的药物联合应用。

（4）要有明确的临床指征，避免滥用抗生素　根据临床的诊断、患鹅的全身状况及感染的轻重选择合适的抗生素，应注意诊断为病毒病或已被病毒感染者不宜应用，因为一般抗生素都无抗病毒作用。

（5）如发生药物反应等意外情况，应沉着冷静，选用适合的药物来解救。

277. 什么是细菌的耐药性？

自20世纪40年代第一个抗生素——青霉素应用于临床上以来，到目前已从自然界获得了4 000余种抗生素，其中来自微生物就有3 000种以上，兽医临床上常用的抗生素有近百种，这些抗生素的长期应用，对于感染性疾病的治疗取得了很好的效果，但也使某些细菌产生了耐药性，并且不断出现新的耐药菌株。尤其像一些细菌如绿脓杆菌对青霉素和其他天然抗生素具有高度耐药性。细菌耐药性的出现在兽医临床上是一个极大的问题，它可以使许多常用抗菌药物的疗效降低或失效，造成治疗上的极度困难。细菌对药物产生适应或基因发生突变的结果，使细菌产生耐药性。产生的耐药性一方面通过遗传基因可传给子代；另一方面可传给敏感菌，使敏感菌不断成为耐药菌株。因此，在兽医临床上应用抗生素时，必须严格掌握抗生素的适应证，避免滥用，防止耐药菌引起的交叉感染，能用一种抗生素控制的感染不采用多种联合应用，可用窄谱抗生素，则不用广谱抗生素。

278. 什么是兽药的配伍禁忌？如何分类？

为了获得更好的治疗效果或减轻药物的毒副作用，常常几种药物并用。但是有些药物配在一起时，可能产生沉淀、结块、变色，甚至失效或产生毒性等后果，因而不宜配合应用。凡不宜配合应用的情况称配伍禁忌。

按照药物配伍后产生变化的性质。分为以下三类：

(1) 药理性配伍禁忌 亦称疗效性配伍禁忌，是指处方中某些成分的药理作用间存在着颉颃，从而降低治疗效果或产生严重的副作用及毒性。例如，在一般情况下，泻药和止泻药、毛果芸香碱和阿托品的同时使用都属药理性配伍禁忌。

(2) 物理性配伍禁忌 即某些药物相互配合在一起时，由于物理性质的改变而产生分离、沉淀、液化或潮解等变化，从而影响疗效。例如活性炭等有强大表面活性的物质与小剂量抗生素配合，后者被前者吸附，在消化道内不能再充分释放出来。

（3）化学性配伍禁忌 即某些药物配伍在一起时，能发生分解、中和、沉淀或生成毒物等化学变化。例如，氯化钙注射液与碳酸氢钠注射合用时，会产生碳酸钙沉淀。但是，还有一些药物在配伍时产生的分解、聚合、加成、取代等反应并不出现外观变化，但却使疗效降低或丧失。例如，人工盐与胃蛋白酶同用，前者组分中的碳酸氢钠可抑制胃蛋白酶的活性。

因此，兽医人员在用药时，必须做到心中有数，避免开写有配伍禁忌的处方，从而保证处方中制剂有高度的稳定性和有效性，更合理地发挥其应有的疗效。

279. 兽药的理化性配伍禁忌有哪些？常见药品有哪些不能一块使用？

胃蛋白酶忌与碱性药物配伍。

乳酶生忌与铋剂、鞣酸、活性炭、酊剂合用，因这些制剂能抑制、吸附或杀灭乳酸杆菌。

鞣酸蛋白不宜与胰酶、胃蛋白酶、乳酶生同服，因这些蛋白质与鞣酸结合即失去活性；鞣酸可使硫酸亚铁、氨基比林、洋地黄类药物发生沉淀，而妨碍吸收，影响疗效。

硫酸亚铁等铁剂与四环素类药物可形成络合物，互相妨碍吸收。

青霉素与四环素类、磺胺类合并用药是药理性配伍禁忌的典型。青霉素不应与红霉素、万古霉素、氯丙嗪、去甲肾上腺素、磺胺嘧啶钠、氨基酸、维生素C、碳酸氢钠等同时应用，以免减低效价，产生浑浊或沉淀。

四环素类与多种药物都有配伍禁忌，适宜单独给药。不宜与含铁、钙、铝、镁、锡等药物或饲料同服，因可形成不易溶解的复合体而影响吸收；也不宜与碳酸氢钠同服，因后者可使pH升高而降低其溶解度。

硫酸链霉素不宜与其他氨基糖苷类抗生素联用，以免增加毒性。

硫酸庆大霉素不可与两性霉素B、肝素钠、邻氯青霉素等配伍合

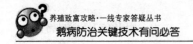

用，因均可引起本品溶液沉淀。

硫酸卡那霉素忌与碱性药物配伍，因可增加毒性作用。

磺胺嘧啶钠不能与酸性药物同用，同用则产生沉淀。

随着我国畜牧业的发展，临床药物的联合应用，尤其在饲料添加的药物越来越多，往往出现配伍禁忌的问题，必须经常注意积累配伍方法的经验，进一步提高临床用药的质量。

280. 头孢菌素类抗生素的特点是什么？

头孢菌素是由冠头孢菌培养液中分离的头孢菌素 C，经改造侧链而得到的一系列半合成抗生素。其优点是：抗菌谱广，对厌氧菌有高效；引起的过敏反应较青霉素类低；对酸及对各种细菌产生的 β-内酰胺酶较稳定；作用机理同青霉素，也是抑制细菌细胞壁的生成而达到杀菌的目的。属繁殖期杀菌药。由于其不良反应和毒副作用较低，是当前开发较快的一类抗生素。

按照抗菌性能及开发年代不同，头孢菌素可分为：

第一代头孢菌素：头孢噻吩、头孢噻啶、头孢唑啉、头孢氨苄、头孢拉定、头孢羟氨苄等，后 3 种可内服给药。

第二代头孢菌素：头孢羟唑、头孢呋辛、头孢西丁、头孢甲氧噻吩等。

第三代头孢菌素：头孢噻肟、头孢哌酮、头孢三嗪、头孢噻甲羧肟等。

第四代头孢菌素：头孢唑喃、头孢喹肟。

其他 β-内酰胺抗生素：亚胺硫霉素。

281. 红霉素的作用是什么？如何应用？

红霉素是从红链丝菌的培养液中提取而得，为白色或类白色的碱性结晶性粉末，难溶于水。其抗菌谱和青霉素相似。对革兰氏阳性球菌和杆菌均有较强的抗菌作用，对部分革兰氏阴性杆菌也有抑制作用，但对肠道革兰氏阴性杆菌如大肠杆菌、沙门菌等不敏感。利用红霉素成盐的不同，制成了多种红霉素盐及其制剂，如乳糖酸红霉素、乳糖酸红霉素可溶粉、硫氰酸红霉素、硫氰酸红霉素可溶性粉等制剂。在使用红霉素时应注意红霉素在酸中不稳定，能被胃酸破坏，故内服时要同时服用制酸剂碳酸氢钠。同时忌与酸性物质配伍。与青霉素同用可使青霉素效力减弱。

细菌对红霉素易产生耐药性，故用药时间不宜超过1周，此种耐药不持久，停药数月后可恢复敏感性。本品与其他抗生素之间无交叉耐药性，但大环内酯类抗生素之间有部分或完全的交叉耐药。

用法与用量：硫氰酸红霉素可溶性粉，混饮，每升水125毫克，连用3～5天。

282. 泰乐菌素的抗菌作用有何特点？其主要用途是什么？

泰乐菌素又名泰乐霉素，为大环内酯类畜禽专用抗生素，是从弗氏链霉菌的一类似菌株培养液中取得。为白色结晶，微溶于水，具弱碱性。一般成盐后易溶于水，根据成盐的不同可分为磷酸泰乐菌素、酒石酸泰乐菌素等。泰乐菌素对革兰氏阳性菌和一些阴性菌有抗菌作用，对金黄色葡萄球菌敏感，也对慢性呼吸道病的防治特别有效。本品主要用于畜禽细菌及支原体感染。

用法与用量：酒石酸泰乐菌素可溶性粉，混饮，每升水500毫克，连用3～5天，产蛋期禁用，休药期1天。磷酸泰乐菌素预混剂，混饲，每吨饲料加入4～50克。

283. 兽医临床上常用的氨基糖苷类抗生素有哪些？

目前兽医临床上常用的氨基糖苷类抗生素有链霉素、新霉素、卡那霉素、庆大霉素、庆大-小诺霉素等。

链霉素：链霉素是从放线菌属的灰链丝菌的培养液中提出的，是一种碱性苷，与酸类结合成盐，兽医临床上常用的是硫酸链霉素。硫酸链霉素为白色或类白色粉末，无臭、味微苦、有吸湿性。水溶液中易失效，故分装成1克（100万国际单位）或2克（200万国际单位）

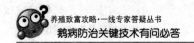

的无菌粉末。链霉素属窄谱抗生素，主要对革兰氏阴性杆菌如大肠杆菌、肺炎杆菌、痢疾杆菌等有抗菌作用。但对大多数革兰氏阳性菌不如青霉素，对真菌、立克次氏体、病毒等无效。主要用于禽霍乱、梭菌病等的治疗。

新霉素（弗氏霉素）：新霉素是从弗氏链霉菌的培养液中提取而得，为碱性物质，常用其硫酸盐。易溶于水，耐热。本品的抗菌范围与卡那霉素相似。因对肾、耳毒性较强，且能阻滞神经肌肉接头，抑制呼吸，故一般不作全身应用。可制成片剂、可溶性粉剂、软膏、眼膏及溶液等供内服及局部应用，内服很少吸收。用于治疗畜禽的葡萄球菌、痢疾杆菌、大肠杆菌、变形杆菌等感染。

卡那霉素：卡那霉素由链丝菌的培养液中提取而得，常用其硫酸盐。为白色或类白色粉末，易溶于水。对大多数革兰氏阴性菌如大肠杆菌、多杀性巴氏杆菌等有较强的抗菌作用，对金黄色葡萄球菌和结核杆菌也有效，对病毒、真菌无效。主要用于支气管炎。

庆大霉素（又称艮他霉素、正泰霉素）：庆大霉素由绛红色放线菌科小单孢子属和棘状小单孢菌的发酵液中取得，抗菌谱广，对革兰氏阳性和阴性细菌如大肠杆菌、金黄色葡萄球菌、绿脓杆菌等均有抗菌作用，尤其是抗绿脓杆菌的作用非常显著。

庆大-小诺霉素：本品由生产小诺霉素的副产物研制而成，含小诺霉素及庆大霉素等成分。其硫酸盐易溶于水，且稳定性良好，故常制成硫酸庆大-小诺霉素注射液。本品对多种革兰氏阳性和阴性菌如大肠杆菌、沙门氏杆菌、巴氏杆菌等均有抗菌作用，对革兰氏阴性菌作用有强效。其抗菌活性高于庆大霉素，毒副反应低于同剂量的庆大霉素。主要用于敏感菌所致的畜禽疾病。

284. 兽医临床上常用的合成抗菌兽药有哪些？

(1) 磺胺类药

①肠内易吸收的磺胺药。

短效磺胺药：磺胺异噁唑、磺胺二甲嘧啶、磺胺喹噁啉等，半衰期在 10 小时以内。

中效磺胺药：磺胺嘧啶、磺胺甲基异噁唑等，半衰期在 10～24 小时以内。

长效磺胺药：磺胺间甲嘧啶、磺胺对甲氧嘧啶、磺胺邻二甲氧嘧啶、磺胺甲氧吡嗪等。半衰期在 24 小时以上，最长可达 203 小时。

②肠内不易吸收的磺胺药：磺胺脒、酞磺胺噻唑。

（2）喹诺酮类

第一代喹诺酮类：萘啶酸、噁喹酸、吡咯酸。

第二代喹诺酮类：吡哌酸（吡卜酸）。

第三代喹诺酮类：沙拉沙星、二氟沙星（双氟沙星）、依诺沙星（氟啶酸）、恩诺沙星（乙基环丙沙星、恩氟沙星）、环丙沙星（丙氟哌酸）等。

285. 磺胺类兽药的主要优缺点及机理是什么？

（1）磺胺类兽药的优点

磺胺类兽药是最早应用的化学治疗药，其主要优点是：

①抗菌谱广，对革兰氏阳性菌及阴性菌均有抑菌作用。

②使用方便，除可注射用外，大多数可内服，且吸收迅速。

③疗效确实，能有效地渗入到身体各组织及体液中，有的还可通过血脑屏障。

④化学性质稳定，易于生产，便于贮藏保管。

（2）磺胺药存在的缺点

①体内乙酰化率高：磺胺类药在体内主要经肝脏代谢为乙酰化磺胺，后者无抗菌活力却保留其毒性作用，引起结晶尿、血尿、过敏反应等。

②细菌对各种磺胺药可产生交叉耐药性：当使用一种磺胺药出现耐药性时，不宜换其他磺胺药。

磺胺类药物的作用机理为干扰细菌的叶酸代谢，使细菌的生长、繁殖受到抑制。细菌不能利用周围环境中的叶酸，只能利用结构较叶酸简单的对氨苯甲酸，在细菌二氢叶酸合成酶和还原酶的参与下，合成四氢叶酸，以供细菌生长繁殖的需要。而磺胺类药的基本结构与对

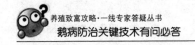

氨苯甲酸相似，能和对氨苯甲酸互相竞争二氢叶酸合成酶，阻碍叶酸及核酸的合成而发挥抑菌作用。

286. 什么是抗菌增效剂？

甲氧苄氨嘧啶是一种新型的抗菌效果强的广谱抗菌药物。其化学结构与磺氨类药不同，但能显著地增强后者的作用，被称为磺氨增效剂。近年来发现甲氧苄氨嘧啶不仅对磺氨类药有较强的增效作用，对许多种抗菌药物如庆大霉素、卡那霉素等也有很好的增效作用，故又称为抗菌增效剂。国内常用的有二甲氧苄氨嘧啶、三甲氧苄氨嘧啶。

甲氧卡胺嘧啶的作用原理同磺胺类药，可抑制二氢叶酸还原酶及合成酶，干扰细菌的叶酸代谢，阻止其生长繁殖。与磺胺类药联合应用，可使细菌的叶酸代谢遭受双重阻断，产生协同抑菌和杀菌作用，且可减少耐药菌株的产生。

287. 恩诺沙星的用途是什么？

恩诺沙星又名乙基环丙沙星、恩氟沙星，是动物专用药物。本品为广谱杀菌药，对支原体有特效，对大肠杆菌、克雷白杆菌、沙门菌、绿脓杆菌、嗜血杆菌、多杀性巴氏杆菌、金色葡萄球菌、链球菌等敏感。

用法与用量：混饮，每升水加入 50～75 毫克；口服，每千克体重按用药 5～7 毫克，每天 2 次，连用 3～5 天。

288. 什么是抗寄生虫药？

抗寄生虫药就是用来杀灭或驱除家畜家禽体内、体外寄生虫的一类药物。寄生在畜禽体内和体外的寄生虫的感染是比较普遍的，而且危害很大，这是因为这些寄生虫在其生活过程中，不仅吸取畜禽（宿主）机体的营养，还会释放毒素和有毒代谢产物而破坏机体的细胞，干扰畜禽的正常生理机能，并传播病原微生物等，这些有害的作用可使畜禽大批死亡，或者引起慢性病变而影响畜禽正常生长发育，使畜禽的肉、蛋、奶、毛、皮的产量和质量下降，给畜牧业经济带来巨大损失，甚至给公共卫生造成损害。因此，在畜禽生产中，需要使用抗寄生虫药物。最早应用的药物多为植物性制剂如槟榔、鱼藤等，现在多用人工合成的广谱、高效、低毒的抗寄生虫药。

289. 如何合理选择抗寄生虫药？

畜禽的寄生虫感染很普遍，寄生虫的种类也很多，且在同一畜禽个体上常会发生不同种的寄生虫混合感染，一般抗寄生虫药对成虫的效果好，而对未成熟虫体较差，因而在应用药物驱虫时，为彻底驱虫，应考虑药物的作用和虫体发育的特点，可间隔一定时间进行二次或多次驱虫。有些寄生虫还会产生耐药性，所以轮换使用抗寄生虫药很有必要。总之，合理选择抗寄生虫药，不但要了解药物的杀虫作用和药物在畜禽体内的代谢过程、毒性、有效剂量、对畜禽的中毒量及药物的性状、给药途径等，还要了解寄生虫的流行规律等。较为理想的抗寄生虫药应是广谱的、药效高、价格便宜并便于投药，还应具备毒性低、无残毒和不易产生耐药性等特点。

290. 抗球虫药的用量及注意事项是什么？

球虫病是畜禽常见的一种原虫病。用于防治鹅球虫病的药物有磺胺药（磺胺嘧啶、磺胺二甲嘧啶、磺胺-2，6-二甲氧嘧啶、磺胺氯吡嗪等）、抗菌增效剂（二甲氧苄氨嘧啶）、氨丙啉、球痢灵、盐霉素钠、莫能菌素、球虫净、氯羟吡啶、氯苯胍等。其中磺胺药对寄生在小肠部位的球虫的疗效高于寄生在盲肠部的球虫，对寄生在盲肠部位的球虫应与其他抗球虫药合用。抗菌增效剂有抗球虫的作用，但应与磺胺药合用以发挥协同作用。

（1）盐霉素（沙利霉素、沙利诺麦新）　该品主要用于禽球虫病，其制剂每 100 克含盐霉素钠 10 克，称优素精-10。使用量按 100千克饲料 60 克（6 000 000 国际单位）混匀饲喂。使用本品禁与泰乐菌素、竹桃霉素及其他抗球虫药并用，产蛋期禁用，肉鹅宰前 5 天停

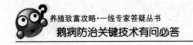

止给药。

(2) 莫能菌素（莫能星、瘤胃素）　对各种球虫有效，不易产生耐药性，预防量按 0.012% 浓度混入饲料，雏鹅从 15 日龄开始，连续喂 30～45 天。

(3) 磺胺喹噁啉（SQ）　为磺胺药中专用于球虫病的药物。对鹅球虫病以含药 0.1% 的饲料喂 2～3 天，停药 3 天后，改用含药 0.05% 的饲料喂 2 天，停药 3 天后再喂 2 天；也可将磺胺喹噁啉以 0.04% 的浓度加于饮水中，给药 2 天后，停药 3 天再给药 2 天，有良好的效果。这样间断给药较安全。预防时以 0.012% 混饲或以 0.005% 浓度混饮有效。

(4) 磺胺二甲嘧啶（SM_2）　以含药 0.4%～0.5% 的饲料喂鹅 2 天，再以含药 0.2%～0.25% 的饲料喂 4 天，治疗效果较好。或用浓度为 0.2% 的水溶液给鹅饮用，连用 3 天，停药 2 天后再用 3 天，治疗效果较好。

(5) 磺胺-2,6-二甲氧嘧啶（SDM）　可用于球虫病暴发时的治疗，毒性比 SM_2 和 SQ 小，治疗时可用含 0.05% 浓度的水饮服，连用 6 天效果较好。

(6) 磺胺氯吡嗪　对鹅球虫病治疗可用 0.03% 浓度的溶液饮服，连用 3 天。

(7) 二甲氧苄氨嘧啶（DVD）　本品内服吸收少，毒性小，常与磺胺药合用防治鹅球虫病，常用磺胺二嘧氨＋二甲氧苄氨嘧啶，按 1：5 混合后，以 0.02% 的浓度混饲有良好效果。

(8) 氨丙啉（安普罗林）　虽抗球虫范围不广，但毒性小，安全范围大，常与其他抗球虫药合用效果较好。氨丙啉 0.012 5% 或 0.025% 的浓度混于饲料中，连用 2 周，可用于产蛋鹅的球虫病治疗，或以含药 0.012%～0.024% 的饮水给药 3～5 天，改用含药 0.006% 的饮水给药 1～2 周。本品对控制盲肠部球虫安全有效，因而可与 SQ（对控制小肠部球虫有效）合用，如与 SQ 各以 0.006% 的浓度混于饲料喂服用于治疗鹅球虫病。

(9) 球痢灵（二硝托胺）　对多种球虫有效，毒性较小，安全范围大。鹅的球虫病（尤以小肠部球虫）预防用 0.012 5% 的浓度混于饲料中，预防从 15 日龄开始，连用 30～45 天。治疗用 0.025％的浓度混于饲料给药，连喂 3～5 天。

(10) 球虫净（尼卡巴嗪） 对多种球虫有效，用0.012 5％的浓度混入饲料，预防用法同球痢灵。治疗用0.025％的浓度混入饲料，连喂 3～5 天，禁用于产蛋鹅，屠宰前 4 天应停止用药。

(11) 氯羟吡啶（克球粉、可爱丹） 对多种球虫均有效，效果比氨丙啉、尼卡巴嗪、球痢灵好，治疗鹅球虫病时，用 0.025％的浓度拌入饲料中，连喂 3～5 天。鹅对本品敏感，应小心使用，产蛋鹅最好不用本品。肉鹅宰前 7 天应停药。

(12) 氯苯胍（罗比尼丁） 对多种球虫有效，毒性很小。治疗可用 0.003 3％的浓度拌入饲料中，连喂 3～5 天。本品连续用药球虫易产生耐药性，另外，连续用药可使肉、蛋有异味，故产蛋期不宜用，肉鹅宰前 7 天停药。

291. 怎样用盐酸左旋咪唑驱除线虫？

左旋咪唑是噻咪唑（四咪唑、驱虫净）的左旋体，是常用的驱除寄生于畜禽体内外线虫的广谱驱虫药，具有用量小、疗效高、毒性低、副作用小的优点，主要用于胃肠道线虫和肺线虫病的治疗，鹅每 1 千克体重 24 毫克饮水投药，对蛔虫等线虫有较高的驱虫作用。

292. 枸橼酸哌嗪（驱蛔灵）如何使用？

枸橼酸哌嗪是常用的驱线虫药，为白色晶状粉末，易溶于水。主要用来驱除畜禽蛔虫。本品毒性小，应用安全。鹅蛔虫可按每1千克体重 0.25克混入饲料投服，或按0.4％～0.8％的浓度饮水1天，效果很好。

293. 阿苯达唑如何使用？

阿苯达唑（丙硫咪唑、抗蠕敏）的驱虫特点：是一种较新的广谱、高效驱虫药，它的特点是对胃肠道的寄生线虫、肺线虫、绦虫、

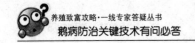

肝片吸虫等都有效，因而驱虫范围很广，且毒性很低，内服一次量，鹅按每1千克体重10~20毫克。

294. 驱绦虫药如何应用？

驱绦虫药主要有氯硝柳胺、硫酸铜、槟榔（槟榔碱）、鹤草芽、硫双二氯酚等。

氯硝柳胺（灭绦灵）：对禽绦虫等有效，并对日本血吸虫中间宿主钉螺有杀灭作用。内服用量是每1千克体重用药50~60毫克。

硫酸铜：本品毒性较大，安全范围小，随着药液浓度不同对组织有收敛、刺激和腐蚀作用。可制成0.05％的溶液一次性饮水10~15分钟。

氢溴酸槟榔碱常用作驱除犬细粒棘球绦虫、带状绦虫和禽的绦虫，鹅内服用量是每1千克体重1~2毫克。

295. 制霉菌素的抗真菌特点是什么？

多烯类抗真菌药，具广谱抗真菌作用，本品可与真菌细胞膜上的甾醇相结合，致细胞膜通透性的改变，以致重要细胞内容物漏失而发挥抗真菌作用。对念珠菌属的抗菌活性高，对新型隐球菌、烟曲霉菌、毛霉菌、小孢子菌、荚膜组织浆胞菌、皮炎芽生菌及皮肤癣菌有较强抑制作用。内服难吸收，临床混饲或内服用于消化道真菌感染，也可用于防治长期应用广谱抗菌药物引起的真菌性二重感染，外用治疗体表的真菌感染如禽冠癣等。

用法与用量：混饲，每千克饲料加入50万~100万单位，连用3~5天；可内服，一次雏鹅5 000~8 000单位，每天2次。

296. 几种兽用药物残留的危害是什么？

（1）呋喃唑酮　连续长期应用，能引起出血综合征。如不执行停药期的规定，在肝脏、肌肉中有残留，其潜在危害是诱发基因变异和致癌性，国家已经禁止使用。

（2）**磺胺类** 其残留能破坏人的造血系统，造成溶血性贫血症、粒细胞缺乏症、血小板减少症等。

（3）**喹乙醇** 在饲料中添加饲料可促进畜禽生长。因其效果好，价格便宜，饲料厂普遍使用。其残留的潜在危害：它是一种基因毒剂、生殖腺诱变剂，有致突变、致畸和致癌性，禁用于家畜。

（4）**氯霉素** 其残留的潜在危害是氯霉素对骨髓造血机能有抑制用，可引起人的粒细胞缺乏病，再生障碍性贫血和溶血性贫血，会致死人，国家已经禁用于食品动物。

（5）**土霉素** 如未执行停药期规定，残留使人体产生耐药性，影响抗生素对人体的治疗，并易产生人体过敏反应。

（6）**硫酸庆大霉素** 长期或超量使用可引起肾中毒症。

297. 我国在生产中有哪些兽药禁止使用？

禁止在饲料和动物饮用水中添加激素类药品和国务院兽医行政管理部门规定的其他禁用药品。

经批准可以在饲料中添加的兽药，应当由兽药生产企业制成药物饲料添加剂后方可添加。禁止将原料药直接添加到饲料及动物饮用水中或者直接饲喂动物。

禁止将人用药品用于动物。

禁止使用镇静安眠类药物、玉米赤霉醇（畜大壮、牛羊增肉剂）、己烯雌酚、鸡宝-20、复方泰乐菌素、富力宝、六六六、林丹乳油、跛行安、精制敌百虫片（以碳酸钙作赋形剂者）。1997年农业部以3号文公布禁止使用的药物有：类固醇激素（性激素、促性腺激素、同化激素）、催眠镇静药（安定、眠酮、氟哌酮）、肾上腺素能药（异丙肾上腺素、多巴胺、β-肾上腺激动剂——盐酸克仑特罗）、毒鼠强（没命鼠、四二四）、氟乙酰胺类、平喘药（羟甲叔丁肾上腺素）、呋喃唑酮（痢特灵）、喹乙醇、硫酸庆大霉素、氯霉素、氨丙啉、氨苯砜、硝基化合物、酒石酸锑钾、孔雀石绿等也属于禁用范围。2005年农业部第560号公告规定金刚烷胺、阿昔洛韦、吗啉胍（病毒灵）、利巴韦林等人用抗病毒药也严禁兽用。2016年农业部发布第2292号公告，规定在食品动物中停止使用洛美沙星、培氟沙星、氧氟沙星、诺氟沙星4种兽药。

出口禽产品不允许使用的抗生素有氯霉素、庆大霉素、甲砜霉素、金霉素、阿维霉素、土霉素、四环素等几种，都是因抗生素能致癌的成分对人体有间接危害。也有一些要求在出栏前14天停用的如青霉素、链霉素；要求出栏前5天停用的有恩诺沙星、泰乐菌素；要求出栏前3天停用的有盐霉素、球痢灵。为了人类安全，每个养殖户都应谨慎使用抗生素。

$298.$ 使用维生素制剂应注意什么？

维生素是动物机体进行正常代谢所必需的营养物质。多数维生素是某些酶的辅酶的组成成分，这些酶在物质代谢中起着重要的催化作用。维生素在动物体内一般不能合成，而必须从外界主要是从饲料中获得，缺乏时不仅影响畜禽的生长，还会引起维生素的缺乏症，在兽医临床上，用维生素进行治疗时必须注意。

(1) 维生素制剂的最主要的适应证是维生素缺乏症，缺乏症在畜禽的生长中可能是很普遍的，但是通常其典型的缺乏症很少，而慢性缺乏症较多，甚至没有什么症状，只是表现生长发育较差，因而临床上应仔细鉴别症状，适当应用维生素制剂，并观察其症状是否有所好转。

(2) 维生素制剂已大量应用于非维生素缺乏症，如维生素用于增强对传染病及毒物的抵抗力，维生素D用于治疗骨软症等，这些治疗有一些还有道理，也有些并无什么意义，因而在使用中不应盲目乱用维生素制剂。

(3) 维生素制剂的应用剂量不要无限地增大，近年来维生素制剂的大剂量应用，已有滥用趋势，其后果是弊多利少，如过量使用脂溶性维生素A和维生素D，常可引起中毒，大量应用维生素C也已发现有不良反应，因而在治疗中应掌握好用量，不可滥用。

(4) 在用维生素制剂进行治疗时，不能单依靠维生素的作用，还要在鹅饲养管理方面进行改善，增加或补饲富含维生素的青绿饲草和营养完全的配合饲料。

299. 什么是兽用生物制品？

兽医生物制品是根据免疫学原理，利用微生物、寄生虫及其代谢产物或免疫应答产物制备的一类物质，这类物质专供相应的疾病诊断、治疗或预防之用。狭义的兽医生物制品是指用于动物疾病诊断、检疫、治疗和免疫预防的诊断液、疫苗和抗病血清；广义的兽医生物制品是指除狭义上的兽医生物制品外，还有血液制品、脏器制剂和非特异性免疫制剂（干扰素、促菌生、丙种球蛋白等）。

300. 兽用生物制品包括哪些种类？

(1) 疫苗 凡是具有良好免疫原性的病原微生物，经繁殖和处理后的制品，用以接种动物能产生相应的免疫力者。有活菌（毒）疫苗、灭活疫苗、类毒素、亚单位疫苗、基因缺失疫苗、活载体疫苗、人工合成疫苗、抗独特型抗体疫苗等。如小鹅瘟冻干苗、禽流感H_5N_1油乳剂灭活疫苗等。

(2) 抗血清和抗毒素 如抗小鹅瘟血清、抗法氏囊病血清、卵黄等。

(3) 诊断制品 阳性抗原、特异抗血清（分型血清、因子血清）、标记抗体、单克隆抗体、核酸杂交探针等。如小鹅瘟诊断抗原、禽流感H_5、H_9诊断血清。

(4) 血液生物制品 由动物血液分离提取各种组分，有血浆、白蛋白、球蛋白、白细胞介素、单核细胞、干扰素、转移因子。

(5) 微生态制剂 主要有双歧杆菌、乳酸杆菌、蜡样芽孢杆菌、拟杆菌等制成的制剂。

301. 兽用生物制品的作用是什么？

畜禽传染病主要是因为病原微生物（细菌、病毒等）从外界环境侵入畜禽机体，在体内生长繁殖，破坏了畜禽机体的正常生理机能而引起的疾病。为了预防畜禽传染病，通常在某些传染病潜在的地区或受威胁地区使用疫苗、菌苗类毒素等预防用生物制品对畜禽进行免疫接种，激发畜禽机体产生特异性的抵抗力，刺激畜禽机体产生一种叫"抗体"的球蛋白物质。抗体球蛋白多存在于动物的血液或其他组织内，能与同种病原微生物发生特异性的结合，使病原微生物失去致病作用。但抗体的产生要经过一个过程，刚注射疫苗、菌苗类毒素等生物制品的动物，不能立即抵抗病原微生物的感染，一般活菌疫苗要经过 5～7 天，死菌疫苗要经过 12～20 天，动物体内才能产生足够的抗体。此后在一个较长的时间内，动物体内的抗体可维持在足够抵抗传染的水平。这个期限叫做免疫期。动物在免疫期内有抵抗力，不会受到传染。免疫期的长短，因各种菌疫苗的种类不同而有所不同。超过了免疫期，动物体内的抗体量则逐渐减少，不能继续保持动物不再受传染，必须再行免疫注射，才能使动物重新产生抗体，抵御传染病。

抗血清除用作治疗外，在已经发生传染病或受到传染威胁的地区，可用来作紧急预防。因为抗血清本身含有大量抗体，把血清注射到动物体内后，抗体随着进入机体，动物就可获得抵抗传染病的能力。但这种能力维持时间较短，如果在动物注射抗血清一两个星期后，再注射一次菌疫苗即可获得较长的免疫期。

302. 什么叫做微生态制剂？作用是什么？

微生态制剂也称活菌制剂、生菌剂。是由一种或多种有益于动物胃肠道微生态平衡的活的微生物（乳酸杆菌、双歧杆菌、噬菌蛭弧菌、粪链球菌、蜡样芽孢杆菌、枯草杆菌、酵母菌及脆弱拟杆菌等）制成的活菌制剂。

微生态制剂的主要作用是在数量或种类上补充肠道内缺乏的正常微生物，调节动物胃肠道菌群趋于正常化或帮助动物建立正常微生物区系，抑制或排除致病菌和有毒菌，维持胃肠道的正常生理功能，达到预防疾病和提高生产性能的目的。

微生态制剂与抗生素的作用有相同之处。抗生素是直接抑制细菌的生长，而微生态制剂是增加有益菌的数量，从而抑制有害菌的生长。

303. 如何运输和贮藏兽用生物制品？

（1）对运输兽用生物制品的要求

①运送兽用生物制品应采用最快的运输方法，尽量缩短运输时间。②凡要求 2～15℃贮存的灭活疫苗、诊断液及血清等，宜在同样温度下运送。若在严寒冬季运输，须采取防冻措施。③凡必须低温贮藏的活疫苗，应按制品要求的温度进行包装运输。④所有运输过程，必须严防日光暴晒，如果在夏季运送，应采用降温设备；冬季运送液体制品，则应注意防止制品冻结。⑤不符合上述要求运输的生物制品不得使用。

（2）对贮藏兽用生物制品的要求

①各兽用生物制品生产企业和使用单位必须严格按各制品的要求，进行贮存。②必须设置相应的冷藏设备，指定专人负责，按各制品的要求条件严加管理，每天检查和记录贮存温度。③各种兽用生物制品应分别贮存，并有明显标志。④检验不合格的兽用生物制品应及时销毁。⑤超过规定贮存时间的或已到失效期的兽用生物制品，必须从库中及时清出销毁。⑥兽用生物制品的入库和分发，均应详细登记。

304. 使用兽用生物制品一般注意事项有哪些？

（1） 使用前，应仔细查阅使用说明书与瓶签是否相符，不符者严禁使用并及时与厂方联系。明确装量、稀释液、稀释度、每头剂量、使用方法及有关注意事项。应严格按说明书要求使用，以免影响效果，造成不必要的损失。

（2） 使用前，应了解药品的生产日期、失效日期、储运方法及时间，特别注意是否因高温、日晒、冻结、长霉、过期等造成药品失效的各种有关因素。见玻璃瓶裂纹、瓶塞松动以及药品色泽物理性状等与说明书不一致的药品不得使用。

（3）各种生物药品储运温度均应符合说明书要求，严防日晒及高温，特别是冻干苗，要求低温保存，稀释后更易失效，用冷水降温，亦应在4小时内用完。氢氧化铝及油乳剂苗不能结冻，否则，降低或失去效力。

（4）预防注射过程应严格消毒，注射器应洗净，煮沸，针头应逐头更换，更不得一只注射器混用多种疫苗。吸药时，绝不能用已给动物注射过的针头吸取，可用一灭菌针头，插在瓶塞上不拔出、裹以挤干的酒精棉花专供吸药用，吸出的药液不应再回注瓶内。吸药前，先除去封口的胶蜡，并用70%的酒精棉花擦净消毒。注射部位应剪毛消毒，否则将引起事故，免疫弱毒菌苗前后3天内不得使用抗生素及磺胺类等抗菌抑菌药物。

（5）液体疫苗使用前应充分摇匀，每次吸苗前再充分振摇；冻干疫苗稀释后，充分振摇，必须全部溶解，方可使用。吸苗前亦应充分摇匀，以免影响效力或发生不安全事故。

（6）使用抗病血清，应正确诊断，早期治疗。弱毒活疫苗，一般均具有残余毒力，能引起一定的免疫反应，有时可能引起严重反应，正在潜伏期的鹅群使用后，可能激发病情甚至引起死亡，为此，在全面开展防疫之前可对每批苗进行约50只鹅的安全试验，并观察7天。确认安全后，方可全面展开防疫。使用完的废弃物（瓶、针头、药棉）应进行无害化处理。

（7）疫苗只能防病，不能治病，抗病血清用于病初治疗或紧急预防。每种生物药品只对相应的疫病有效，而对其他传染病无效。

（8）使用时请登记疫苗批号、注射地点、日期和鹅数，并保存同批样品两瓶，留样期不少于免疫后2个月。如有不良反应和异常情况，以及对产品的意见，请告当地兽医部门或厂方，以便及时处理或改进。如发生严重反应或死亡，并怀疑药品有问题时，除速将详细情况通知当地兽医部门外，并以冷藏包装原封同批制品两瓶送相关检查部门以查明原因。

（9）兽医检测和防疫人员在使用疫苗的过程中应注意自身的防

护，特别是使用人畜共患病疫苗及活疫苗时，尤应谨慎小心，严格遵守操作规范，及时做好自身的消毒、清洗工作。废弃的针管、针头、生物制品容器都应作无害化处理。

305. 冻干活疫苗接种应注意哪些问题?

（1）**鹅用冻干活疫苗一般为弱毒苗或中等毒力疫苗**　冻干疫苗保存和运输都要求在冷冻条件下，避免阳光直射，才能保证效果。

（2）**购买疫苗时要先看包装**　疫苗的名称、批准文号、生产日期、包装剂量、生产场址等要符合《兽药标签和说明书管理办法》的规定，要用近期生产的新鲜疫苗，不要使用陈旧或过期疫苗或上批鹅未用完的疫苗，注意冰箱不能时常停电，致使反复冻融，这样会破坏疫苗的质量。

（3）**要准确计算疫苗使用量**　饮水免疫时疫苗剂量要加大，滴眼滴鼻的剂量要比饮水免疫的小，并要严格按要求使用生理盐水稀释液。饮水免疫时疫苗稀释浓度要根据饮水量多少，饮水时间的长短，计算达到所需要的剂量要求。一般在饮疫苗前要控水，夏季 2 小时，冬季 3 小时，让鹅有渴欲感而喝得快。

（4）**要注意稀释的方法**　冻干苗的瓶盖是高压盖子，稀释的方法是应先用注射器将 5 毫升稀释液缓缓注入瓶内，待瓶内疫苗溶解后再打开瓶塞倒入水中，这就避免真空的冻干苗瓶盖突然打开，瓶内压力会突然增大，使部分病毒受到冲击而灭活。

（5）**要提高免疫效果，就应延长疫苗（病毒）的活力**（即灭活半衰期）　可加入免疫增强剂，饮水免疫时可在每千克饮水中加入 2.4 克脱脂奶粉，脱脂奶粉的主要成分是蛋白质和糖类，其中蛋白质的直径为 1～2 纳米，其水溶液是胶体溶液，病毒的直径一般为 20～30 纳米，蛋白质分子比病毒小，所以病毒粒子处于蛋白质分子的包围之中，可阻止病毒粒子的聚合，有利于吸收和转化。没有奶粉时，可用速补 20、速补 18、速补 14 或白糖代替。不可用电解多维，因电解多维可分解、电离水溶液，凝固蛋白，破坏疫苗的效价。要注意，不要在疫苗稀释中添加抗生素和电解多维。抗生素能杀菌或抑菌，对病毒无效，虽然在稀释液中加入抗生素后，可以防止接种过程中由于消毒不严而感染细菌病，但这种做法，是不完全妥当的，因为有些抗生素能改变稀释液的渗透压或 pH，特别是电解多维，能加快疫苗的灭活，从而降低疫苗效价。

(6) 切实把握疫苗使用的间隔 饮用疫苗时，饮水时间不应小于 1 小时，也不应超过 2 小时，夏季高温季节饮水时，水中可加入适量冰块。

(7) 尽量减少应激 接种捉鹅时，晚上将鹅舍的灯泡换成蓝色，由于鹅对蓝色光失盲，人可看到鹅，但鹅看不到人，不会惊群。

(8) 接种期间应加强饲养管理，保持舍内空气新鲜，不要有贼风和氨气 水中适量添加电解质和维生素，尤其是维生素 A、B 族维生素和维生素 C。

(9) 不应盲目增加免疫次数 有些养殖户对鹅的疫病产生恐慌心理，尤其是新城疫、小鹅瘟，每隔几天就接种一次疫苗，同时死苗活苗都用，扰乱了鹅体正常的免疫机能和抗体水平，反而易出现抵抗力下降。

306. 如何正确使用鹅用疫苗？

疫（菌）苗是预防和控制传染病的一种重要工具，只有正确使用才能使机体产生足够的免疫力，从而达到抵御外来病原微生物的侵袭和致病作用的目的。就鹅用疫（菌）苗而言，在使用过程中必须要了解下面有关常识。

(1) 疫（菌）苗仅用于健康禽群的免疫预防 对已经感染发病的鹅，通常并没有治疗作用，而且紧急预防接种的免疫效果不能完全保证。

(2) 必须制定正确的免疫程序 由于鹅的品种、日龄、母源抗体水平和疫（菌）苗类型等因素不尽相同，使用疫（菌）苗前最好跟踪监测以掌握鹅群的抗体水平与动态，或者参照有关专家、厂家推荐的免疫程序，然后根据本鹅场具体情况，会同有经验的兽医师制定免疫程序。

(3) 正确使用疫（菌）苗 目前常用的疫（菌）苗有两大类型：

弱毒苗、灭活苗。弱毒苗中除菌苗外，都需要冷冻保存和运输，否则就会失效。灭活苗包括油乳剂、蜂胶制剂、氢氧化铝制剂等，常温下可保存，但以2～8℃的保存效果最佳，注意不能受阳光照射，也不可冻结，使用前要将其回升至室温；应仔细核对疫（菌）苗的名称与预防疾病是否相符，是否在有效期内，使用的接种用具如注射器、针头、滴管等应清洗、消毒并保持干燥；稀释疫（菌）苗时，尽量使用专用的稀释液，并按规定的方法进行，灭活疫（菌）苗不得作任何稀释、掺和；在做好接种部位的消毒工作后再接种疫（菌）苗，并确保接种剂量准确，不能随意增加或减少剂量；吸取疫（菌）苗时使用固定的针头而不能用已经与禽接触过的针头，而且已吸出的疫（菌）苗不能再回注瓶内，以防污染，稀释后的疫（菌）苗应在限定的时间内一次用完，未用完的苗应作消毒销毁处理；接种弱毒菌苗时要在使用前后几天内，停止给予各种抗菌药物；两种或两种以上的疫（菌）苗不能随意混合或同时使用，以免影响应有的免疫效果，产生毒副作用，加重应激反应；鹅在上市或屠宰前6周内不应接种油佐剂或氢氧化铝佐剂类疫苗。

（4）接种疫（菌）苗后要加强对鹅群的饲养管理，减少应激因素对禽的影响 弱毒苗以及灭活苗的使用，对鹅体来说也是一个弱的应激，而接种疫（菌）苗后一般要经过约1～2周的时间，机体才能产生一定的免疫力，因此这期间需要做好更为细致的管理工作，切不能认为用了苗即完事。可以适当对鹅群在饲料中补充一些诸如维生素C之类增强体质的营养物质，在饮水中加入抗应激类药品，减少冷热、拥挤、潮湿、通风不良、有害气体浓度过大等应激因素的影响，以确保机体顺利地产生足够的免疫力。特别注意防止病原微生物的感染，否则很可能导致免疫失败。

307. 如何选择佐剂灭活疫苗的注射部位？

佐剂灭活苗与能刺激免疫系统的佐剂（油或氢氧化铝）结合，必须经胃肠道外途径接种，以防佐剂引起局部的炎症反应。油乳剂疫苗可以在注射部位引起广泛的组织反应，而组织对氢氧化铝苗的反应通

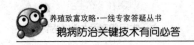

常很轻。组织刺激可能与肉眼可见的肉芽肿的形成有关。

由于这种组织反应，美国农业部食品安全和检查中心（FSIS）已经强制规定，在家禽检验时应该检验与胸肌接种灭活苗有关的肉芽肿病变。因此胸部肌肉接种已显著减少。

在许多部位接种灭活苗都能诱导理想的抗体产生，并能抵抗强毒的攻击。因此，应该尽量选择相对容易注射的部位，但由此也可以引起组织损伤。

皮下注射灭活苗的部位通常为颈部背侧皮下。尽管选择适当的接种部位，也能发生肉芽肿反应，但该部位不是鹅体的主要部位，因此组织反应不是主要问题。然而，不恰当注射可以造成疼痛，随后出现采食量减少和最终头颈扭转。同样，疫苗或稀释液的污染也可引起严重的疫苗反应。如上所述，在颈部正确进行皮下注射是很困难的。大约10％的鹅没有接种到疫苗或接种的量不够。在这种情况下，大部分疫苗实际上是接种到羽毛下的皮肤上了，因为接种针已经穿刺到对面的皮肤上了。

肌内注射灭活苗的部位有胸肌、大腿肌和翼肌。在过去，普遍接种于鹅的胸肌，因为这一部位易于准确地接种。然而正如我们讨论的一样，由于胸部肌肉坏死，或注射部位疫苗残留而造成废弃。由于胸肌注射不再是必选的，因此可以选择其他部位进行肌肉注射。

其中一个部位是腿肌，然而，在这一部位注射灭活疫苗可以引起组织反应，导致临床上的瘸腿。疫苗沿腿肌向下沉积，使炎症反应集中于跗关节以上的肌肉和皮下。

另一个肌内注射的部位是翼部。不同于胸部肌肉，该部位可以被修剪而没有明显的经济损失。已经发现，在翼部接种疫苗是相对困难的。已有报道，翼部肌肉接种疫苗后，能引起翅膀低垂。此处的肉芽肿反应比其他部位严重得多。

尾部接种：最后的替代接种部位是尾部的腹面。该部位正确的接种是注射于避开尾部中线的位置，避免损伤血管。该部位的经济价值很低，因此即使发生严重的组织反应，对鹅的影响也很小。另外，因为在免疫时鹅并不处于生产季节，该部位的不舒适并不影响种鹅的发育。该部位也是一个比较容易注射的部位。然而，接种者需要调整姿势进行皮下或肌内注射。

总之，疫苗反应是机体免疫系统对疫苗中抗原的重要和必要的应答。这一反应标志着机体对病原因子的识别。血清学监测也是用于评价某些疫苗反应的工具。过度的反应并不理想，但可以通过良好的饲养管理、正确的疫苗操作、选择适当的疫苗以及正确的接种加以避免。

308. 应用兽用生物制品联苗的好处是什么？

近年来，兽用生物制品出现了联苗应用的趋向。联苗即把不同的毒株与毒株、毒株与菌株等混合制成二联苗、三联苗，甚至多联苗（也称多价苗），用于预防畜禽的传染病。目前生产的联苗有：水禽大肠杆菌—巴氏杆菌二联蜂胶灭活疫苗、新城疫—小鹅瘟二联油乳剂灭活疫苗等。联苗应用的好处是使生产工艺简单化；减少了注射次数。一次注射可获得两个或两个以上的特异性抗体；操作更为简便快速；节约工时和原材料。很多国家都在大力研究和开发联苗和多价苗，这也是疫苗发展的方向。

但由于不同的疫苗其产生的免疫期限不同，所以在进行一次多联苗注射后，要根据其各自疫苗的不同免疫期限，再进行单价苗的免疫注射，以同时获得几种坚强的免疫力。

309. 预防小鹅瘟的疫苗如何使用？

小鹅瘟活疫苗分雏鹅专用和成年鹅专用，请购买时一定要注意，使用前更要核对，千万不能弄错！系用小鹅瘟弱毒株接种敏感鸭胚或鹅胚，收获感染胚液后加适当稳定剂，经冷冻真空干燥制成。为微黄或微红色海绵状疏松团块，易与瓶壁脱离，加稀释液后迅速溶解。用于预防小鹅瘟。雏鹅用小鹅瘟疫苗可注射小鹅，按瓶签注明羽份用生理盐水稀释皮下注射；成年鹅用小鹅瘟疫苗供产蛋前的母鹅注射，母鹅免疫后在 21~270 天内所产的种蛋孵出的小鹅具有抵抗小鹅瘟的免

疫力，疫苗应在母鹅产蛋前 20～30 日注射，按瓶签注明羽份用生理盐水稀释，每只肌内注射 1 毫升。本品在－15℃以下保存，有效期为 18 个月；4～10 度为 8 个月。注意本疫苗稀释后，应放冷暗处保存，4 小时内用完。

主要参考文献

蔡宝祥. 2001. 家畜传染病学. 第4版. 北京：中国农业出版社.

陈建红，张济培. 2004. 禽病诊断彩色图谱. 北京：中国农业出版社.

陈伟生，等. 2007. 中国水禽业发展高层论坛. 吉林：吉林科学技术出版社.

程安春. 2004. 养鹅与鹅病防治. 北京：中国农业大学出版社.

甘孟侯. 1999. 中国禽病学. 北京：中国农业出版社.

焦库华，陈国宏. 2002. 科学养鹅与疾病防治. 北京：中国农业出版社.

焦库华. 2003. 禽病的临床诊断与防治. 北京：化学工业出版社.

李昂. 2003. 实用养鹅大全. 北京：中国农业出版社.

李帮文，等. 2003. 肉鹅生产技术问答. 北京：中国农业大学出版社.

刘高生. 2006. 家禽用药500问. 北京：中国农业大学出版社.

任祖伊. 1997. 禽病防治500问. 北京：中国农业出版社.

王明俊，等. 2007. 兽医生物制品学. 北京：中国农业出版社.

王新，等. 2006. 兽医药理学. 北京：中国农业科学技术出版社.

王永坤. 2002. 水禽病诊断与防治手册. 北京：上海科学技术出版社.

尹兆正，余东游，祝春雷. 2001. 养鹅手册. 北京：中国农业大学出版社.

岳永生. 1999. 养鸭手册. 北京：中国农业大学出版社.

张喜武，等. 2005. 中国家禽业可持续发展. 吉林：吉林科学技术出版社.

张彦明. 2002. 最新鸡鸭鹅病诊断与防治技术大全. 北京：中国农业出版社.

B. W. 卡尼尔. 1999. 禽病学. 第10版. 高福，苏敬良，译. 北京：中国农业出版社.

Permin A.，Hansen J W. 1998. The epidemiology, diagnosis and control of poultry parasites-An FAO handbook. Food and Agriculture Organization of the United Nations，Rome，Italy.

图书在版编目（CIP）数据

鹅病防治关键技术有问必答/戴亚斌，周新民主编．
—北京：中国农业出版社，2016.9（2017.5重印）
（养殖致富攻略·一线专家答疑丛书）
ISBN 978 - 7 - 109 - 22051 - 5

Ⅰ．①鹅…　Ⅱ．①戴…　②周…　Ⅲ．①鹅病－防治－
问题解答　Ⅳ．①S858.33 - 44

中国版本图书馆 CIP 数据核字（2016）第 206923 号

中国农业出版社出版
（北京市朝阳区麦子店街 18 号楼）
（邮政编码 100125）
责任编辑　刘　玮

中国农业出版社印刷厂印刷　　新华书店北京发行所发行
2017 年 1 月第 1 版　　2017 年 5 月北京第 2 次印刷

开本：880mm×1230mm　1/32　印张：6.625
字数：180 千字
定价：20.00 元
（凡本版图书出现印刷、装订错误，请向出版社发行部调换）